JN171755

すべての子どもに遊びを

ユニバーサルデザインによる
公園の遊び場づくりガイド

みーんなの公園プロジェクト［編著］

発刊によせて

私が初めて車いすでてっぺんまで上がれる滑り台を見たのは、1994年のアメリカだった。そのころ日本では、各地に「福祉のまちづくり条例」ができ、建築物、道路、公園、公共交通を中心に、まちづくりにアクセシビリティの考え方を取り入れようという動きが始まっていた。

そして、2005年に国土交通省は「ユニバーサルデザイン政策大綱」を定め、同省の施策にユニバーサルデザインが大きな役割を持つことになった。

2006年には「高齢者、障害者等の移動等の円滑化の促進に関する法律」（バリアフリー法）ができ、公園も対象となったため、ガイドラインができた。

こうしてユニバーサルデザインの考え方に基づいた公園づくりの法的な体系は整ってきたが、それは必ずしも、誰もが楽しめる公園づくりへの熱意が高まってきたということと一致するわけではなかった。逆に、法や基準に従えば十分、できあいの製品を並べればよし、とする空気が広がったのかもしれない。

現場の気持ちもわかる。工夫するにしても、具体的にどうすればいいのかの情報は限られていたのだ。

そんな中、岡山でひっそりと「みーんなの公園づくり」への取り組みが始まった。
「障害がある子もない子も、一緒に遊べる公園を」、そして「身近な公園をあらゆる子どもたちがもっと楽しめる場に」。

その目標のためにたくさんの努力と長い時間が積み重ねられ、この本になった。

この本は「みーんなの公園づくり」への思いにあふれている。それは決して派手ではない。全国に知られているわけでもない。でも熱意は途切れることなく、冷えることなく、今に至っている。

この本を開くと、世界中で行われているさまざまな取り組みを知ることができる。

「みーんなの公園」への思いは、しっかりと世界とつながり、同じ思いを持つ人たちが決して孤独ではないことを示している。

この本に導かれ、世界に示すことができる「みーんなの公園」が生まれることを期待する。
日本中の公園で子どもたちの声が響いて欲しい。
「おーい、みーんな、てっぺんで会おうよ！」

東洋大学教授・アクセスコンサルタント
川内　美彦

はじめに

遊びは子どもにとって不可欠なものです。
自由で豊かな遊びを通して子どもはさまざまな力を伸ばし、
自分を取り巻く世界について学び、人や社会とのつながりを築いていきます。

子どもたちの身近にある公園の遊び場は、
彼らを可能性に満ちた広い世界へ招待してくれる“扉”です。

しかしその“扉”は、すべての子どもに開かれているわけではありません。
障害のある子どもたちは従来型の公園が抱えるさまざまな障壁によって、
成長や発達の支えとなる貴重な遊びの機会を逸してきました。
それは同時に、障害のない子どもたちから
多様な仲間と出会い育ち合う機会を取り上げることでもありました。

今、ユニバーサルデザインの遊び場づくりが求められています。

障害の有無を問わずあらゆる子どもが
自らの力を生き生きと発揮して共に遊び学べる場所、
そして親を含む地域のさまざまな大人たちが
子どもの成長を見守り支え合える場所を築くことは、
すべての人が参加するインクルーシブな社会づくりの道へとつながっています。

このガイドが、閉ざされていた“扉”を開ける一つの鍵となることを願います。

2017年7月
みーんなの公園プロジェクト

目　次

3 遊びのデザイン /Play Design

4 場のデザイン /Site Design

資　料 /References

ガイド作成の背景

本書『すべての子どもに遊びを　ユニバーサルデザインによる公園の遊び場づくりガイド』を作成したのは、岡山の市民グループ「みーんなの公園プロジェクト」です。公園づくりの専門家ではなく、特別支援学校の教員や元教員、ユニバーサルデザインの専門家である私たちがこのガイドづくりに取り組んだのには、次のような背景がありました。

1．現状：障害のある子どもが遊べない公園

特別支援学校では授業や行事の一環で子どもたちと近くの公園を訪れることがあります。車いすをこぐ子どもや重度の障害がありバギーに乗る子どもたちも一緒です。日光やそよ風を浴び、鳥の声に耳を澄ませ、草花や木々に季節の変化を見つけながら園路を散策します。木陰のある広場で輪になって歌ったり、手遊びや簡単なゲームを楽しんだりもします。

遊び場では時折、滑り台やブランコで生き生きと遊ぶ子どもたちと出会います。私たちはその様子を少し離れた所から眺めるのが常でした。胸の内には、自分たちが遊びの輪に加われないことへのやるせなさと、これは仕方がないことなのだという諦めがありました。

2．気づき：遊び場×ユニバーサルデザイン

ある日、アメリカで障害のある子どもも障害のない子どもも一緒に遊べるインクルーシブな公園がつくられているという情報を得ました。「一体どうやって？」。不思議に思い現地を訪れると、そこはユニバーサルデザインの工夫が満載されたワクワクするような遊び場でした。

「あぁ、もしここに○○くんがいたら車いすで縦横無尽に走り回ってすべての遊具に挑戦しているだろうな！」「○○ちゃんはきっとこのブランコがお気に入り！　明るい笑い声が今にも聞こえてきそう」…子どもたちの笑顔が次々と思い浮かぶ中、あることに気づき衝撃を受けました。こうして工夫さえすれば誰も遊びを諦める必要などなかったのに、最初から「無理だ」と決めつけていたのが自分自身だったからです。

特別支援学校にはユニバーサルデザインのヒントがあふれています。そこでは肢体不自由の子ども、知的障害や発達障害のある子ども、視覚や聴覚の障害を併せ持つ子どもなど幅広い特性を持った児童生徒が通い、工夫された環境や教員の手作りによるアイデア道具を利用しながら、それぞれの力を発揮し日々成長しています。

「より多様な人により使いやすく」というユニバーサルデザインのコンセプトは、公園の遊び場にだって通用したのです。

「公園の専門知識はないけれど、子どもの多様性とユニバーサルデザインの可能性を知る私たちにもできることがあるのではないか」。2006 年、「みーんなの公園プロジェクト」の活動が始まりました。

ユニバーサルデザインの公園づくり

みーんなの公園プロジェクト

3. 先進事例調査：海外の実践から学ぶ

調べてみると、インクルーシブな遊び場づくりはアメリカのみならずオーストラリアやイギリス、カナダなど世界各地に広がりつつありました。それらの公園を一つひとつ訪れては具体的な工夫や課題を調べ、写真とともにウェブサイト「みーんなの公園プロジェクト」(http://www.minnanokoen.net) で公開し始めました。

また優れた実践をしている海外の NPO や行政の方々にインタビューを行い、インクルーシブな遊び場づくりを支えているのは、国や地方自治体、教育・研究機関、民間企業、そして障害のある子どもや親を含む多様な人々の連携であることを学びました。

ユニバーサルデザインの工夫が施された質の高い遊び場は、障害の有無を問わず多くの家族連れが訪れる人気の公園として、地域の人々の誇りにもなっていました。

例えばこんな喜びの声が・・・

- 「他の公園だと自分だけみんなから取り残されちゃってる気がするの。でもここなら私、好きなことが何でもできるんだよ！」(車いすユーザーの女の子)
- 「障害のある子どもやその家族にとって、地域とのつながりを築くのは難しいものです。だからコミュニティーの誰もが来られる場所、とりわけ障害のある子どもがみんなに喜んで迎え入れられる場所があることには、とても大きな価値があるんです」(障害のある子どもの親)
- 「どの町にもこんな素敵な公園があるべきです。私たちは皆、インクルーシブな社会から多くを学ぶことができるのだから。それに何より楽しいから！」(障害のある子どもの親)

a: 朝からたくさんの家族連れで賑わうインクルーシブな遊び場。(オーストラリア)
b: 海沿いに設けられたインクルーシブな遊び場。高齢者や大人の車いすユーザーも気軽に立ち寄る。(カナダ)

4．利用者調査：さまざまな人のニーズを明らかにする

「公園の多様なニーズについて調べよう」。地元の障害のある子どもと親の会、障害者団体、特別支援学校、障害児通所支援事業所、一般の子育て支援グループ…いろいろな所を訪れて聞き取り調査を行いました。障害があることで公園に行った経験がほとんどなく最初は関心が低かった方々からも、海外の事例写真に触発されて多くの意見が寄せられました。

公園の利用者には具体的で幅広いニーズがある一方で、異なるグループから同じ要望が出されることも多く、一つの工夫がたくさんの人の利益につながり得ることがわかりました。また「Ａさんにとっては便利だが、Ｂさんにとってはかえって不便や危険」といったトレードオフの問題に対する工夫も求められていました。多くの人と対話を重ね、一緒に考えることの重要性を実感しました。

例えばこんなニーズや思いが・・・

- 「車いすに乗る子どもは公園の遊具ではほとんど遊べない。まだ小さかった頃は親が抱いてブランコに乗ることもあったが、少し大きくなるとそれも難しい。いつしか公園に行くこと自体を諦めてしまった。親が介助しながら一緒に楽しめる大きめの遊具が欲しい」（肢体不自由の子どもの親）
- 「遊具自体は楽しめるのだが、そこにたどりつくのが難しい。いつも人に手を引いてもらうのではなく、自分で位置や方向を理解し自由に歩き回りたい」（視覚障害のある女性）
- 「聴覚障害のある子どもは、周囲をよく見回すことで多くの情報をキャッチしている。友だちの居場所や動きに気づいたり、離れた所にいる親と手話でコミュニケーションを取ったりするには、遊具や遊び場全体の見通しの良さが大切」（聾学校の教員）
- 「囲いのある遊び場が欲しい。子どもが急に公園を飛び出してしまう心配が減れば、今よりも外遊びに出かけやすくなる」（発達障害・知的障害のある子どもの親）
- 「障害のある子どもが存分に遊べる公園を探すのに苦労している。室内ばかりで過ごすと、運動不足やストレスから生活のリズムも乱れやすい」（障害児通所支援事業者）
- 「子どもを連れて出かけると周りの人から無理解な言動を受けることがあり、不安で外出しづらい。幼い頃から誰もが一緒に楽しめる場所があれば、社会の偏見も徐々に減っていくのではと思う」（障害のある子どもの親）
- 「これまでわが子が公園で遊べるなんて思いもしなかった。こんな遊具や工夫があると知って希望が湧いた」（障害のある子どもの親）
- 「ずっと不便さを感じていたが、伝える場がなかった。私たちの意見を聞いてくれてうれしい。もしこんな公園ができたら絶対遊びに行く」（障害のある子どもの親）

5．子どもの意見：遊び場の主役だからこそのアイデアがあった

子どもたちにも意見を求めました。

障害のある子どもたちに各国で開発されたインクルーシブな遊具のカタログや海外の遊び場の写真を見てもらうと、「これ乗ってみたい！」「楽しそう！」といった歓声に続き、「もっとこんな工夫があると安心」「使えるってだけじゃなく、みんなが乗りたくなるようなかっこよさが大事」などの鋭い指摘がいくつも飛び出しました。

また、夢のユニバーサルデザイン公園の絵やアイデアも広く募集しました。総合学習の授業で取り組んだという小学生たちの力作をはじめ、ユニークなアイデアがたくさん寄せられました。

公園の遊び場づくりには、そのメインユーザーである子どもたち自身の参加が欠かせないと感じました。ウェブサイトには子ども向けのコーナー「キッズ☆ページ！」を追加しました。

a: 夢のユニバーサルデザインの遊び場「フレンド公園」のパンフレット。みんなで考えたさまざまな工夫が詳しく紹介されている。

例えばこんなアイデアが・・・

b: 2 人で滑ることができる虹色の滑り台。スロープ脇に植えられたかわいい花々も楽しさのポイント。

c: 背もたれ付きブランコ。ソーラーパワーを活用し、持ち手に触るとカラフルに光る仕掛け。

d: みんなのプレイハウス。スロープは足を骨折した松葉づえの友だちにも便利なことを紹介。

e: シートタイプのターザンロープ。後に海外で同様の遊具が開発され、インクルーシブな遊び場で人気を集めている。

f: 車いすのまま乗れるシーソー。後に海外のデザイナーが同様の遊具の実用化を提案している。

g: 「みんなの公園」。音を鳴らしたり手で触ったりいろいろな楽しみ方ができる。滑り台には滑車を利用したシート型の手動エレベーターも設置。

h: 「夢のブランコ」。障害のあるお姉ちゃんと一緒に公園で遊ぶ夢を描いた作品。

6．事例検証：国内の遊び場の課題を探る

日本にもユニバーサルデザインに配慮した遊び場がいくつかあると知り、それらを訪れ、実際の使いやすさなどを調べました。障害のある子どもや若者、家族の方々にも参加してもらった調査では、「スロープのおかげで初めて遊具のデッキに上れた」と感激する声などが聞かれ、多様な子どものための創意工夫を心強く感じました。

その一方で、「せっかくの工夫がうまく機能せずかえって危険を招いている」などの指摘もあり、障害のある人のニーズに必ずしも的確に応えられていない点が課題として浮かび上がってきました。

「これでは障害のある子どもの実際の公園利用にはつながりにくい――」。具体的に何が不便でどういった危険があるのか、また子どもたちはどのような遊び体験を望んでいるのかなど、多様な利用者の意見を広く伝える必要性を感じました。

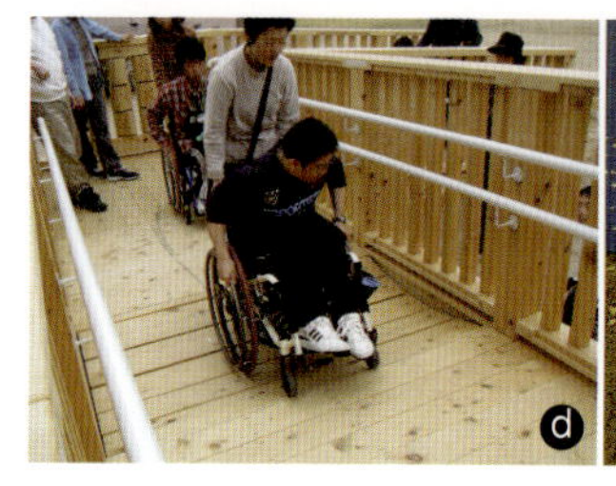
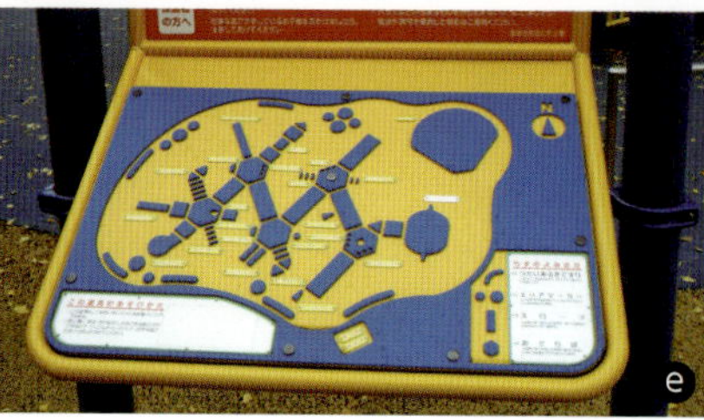

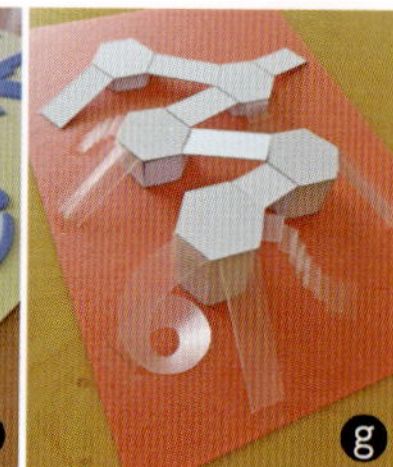

a: 障害のある人やその家族が参加したモニター調査。
b: 長いスロープルートの先にある 1 本の滑り台。
c: 複合遊具のスロープ出入り口に隣接する築山。
d: 複合遊具のスロープルートの途中にある吊り橋。
e: 遊び場にある複合遊具などの配置を紹介する触知図。
f,g: モニター調査のために用意した e と同じルールの触知図と、それを立体で再現した模型。

例えばこんな気づきが・・・

	気づき	利用者の声
動　線	滑り台にはつづら折りのスロープルートが通じているが、滑り降りた先の地面がでこぼこ。(写真 b)	1本の滑り台のために 100m 以上のスロープルートを上るのはつらい。また滑り台を滑った後、そこから車いすでの移動に介助が必要。 「滑り台自体はとても楽しいが、遊びをトータルで考えた無理のない動線計画がされていれば、もっと自立して遊べる」
	複合遊具のスロープの出入り口と築山のトンネルが間近に向き合った配置。(写真 c)	スロープを下る車いすユーザーとトンネルから出てくる子どもが、お互いの存在に気づかず衝突しやすい。 「とくに下り坂では車いすは急に止まれない。スロープの出入り口付近はなるべく動線の交錯を避けて、平坦でゆとりのあるスペースの確保を」
複合遊具	アクセシブルな通路の途中にある吊り橋が深過ぎる。(写真 d)	車いすユーザーが自力で抜け出せない。無理に出ようとして勢いよくこぐとスリップし後ろに転倒する危険も。 「遊具をつくる段階から当事者を交えて通行可能かどうかの確認を」
	多くの滑り台などがある3階建ての大型遊具だが、スロープは1階までしか通じていない。	車いすや歩行器のユーザーが利用できるのは1階のプレイパネルなどに限られている。 「もっとみんなと一緒にいろんな遊びに挑戦したい」
標　識	危険な行為を抑止するため、「ここから上らないで下さい」などの注意書きが多い。	文字の理解が難しい子どもや、危険を察知することが困難で大人の思いもよらない行動を取る子どももいる。 「注意書きに頼るより、最初からなるべく多様な子どもの特性を想定した安全な設計にしてほしい」
触知図	一つの複合遊具の案内図として、スロープ（長方形）、デッキ（六角形）、滑り台（細長い長方形）など各要素を多角形で示したパネルが、一面に数十枚貼られている。(写真 e)	(同じルールでつくった触知図：写真 f と、比較のために用意した立体模型：写真 g によるモニター調査で）触知図の方は凹凸こそあるが、パネルの形が複雑で数も多いため理解しにくい。立体模型の方が断然わかりやすい。 「全盲の人（とくに子ども）が触知図を触って空間をイメージすることは、一般の人が思うよりずっと難しい作業。当事者の意見を取り入れてつくってほしい」

7．意見交換：公園をつくる側の人たちも困っていた

「障害の有無を問わずあらゆる子どもが生き生きと遊べるユニバーサルデザインの遊び場を――」。多様な利用者の意見や海外事例などの資料を携え、自治体の公園課や遊び場づくりに携わる企業などを訪れて意見交換をすると、公園をつくる側の方たちも悩みを抱えていることがわかりました。

例えばこんな事情や悩みが・・・

・「確かに公園はこうあるべきだと思った。だが実際は予算も限られており、新規の公園建設は容易ではない。障害のある子どもと親など当事者からもっと多くの要望が出れば実現しやすいのだが」（県都市計画課）

・「遊具の安全性に対する関心が高まる中、こうした海外のインクルーシブ遊具は国内で前例がないため、なかなか導入に踏み切りにくい」（市公園緑地課）

・「私たちももっと多様なエンドユーザーに向き合うべきだと気づいた。とはいえ現実は、公園づくりの発注者である自治体の意向を汲むことが優先されがち。もっと全体の意識が高まればよいのだが」（公園遊具メーカー）

・「海外でのインクルーシブな遊具や遊び場の普及は承知している。日本でもぜひ広まってほしいと思うが、あいにくそうした事例が公園の利用者にも発注者にもほとんど知られていない状態。私たちからもアピールが必要ですね」（公園設計・遊具販売業者）

・「“ユニバーサルデザインの遊び場＝障害児のための特殊な遊び場”という印象から、地域住民の理解が得られにくいケースがある。“あらゆる人にとって有益”という認識の広がりが必要」（ランドスケープアーキテクト）

・「障害のある人たちにニーズを聞こうとしても、現状に対して『これが当たり前』という意識が強かったり、逆にクレームをつけるようで遠慮されたりするためか、なかなか意見が出づらいことが多い。もっと率直に話し合えれば大きく進歩できると思うのだが」（建設コンサルタント）

8．ガイドの作成：人々の連携につながる情報ツールを

公園をつくる人も利用する人も、インクルーシブな遊び場の価値は理解しながらも、そのためにどうすればよいのかがあいまいなまま、連携が進みにくい状態でした。

ウェブサイトで公園事例や利用者調査、海外の取り組みなどの情報発信を続ける私たちのもとに、「ユニバーサルデザインの遊び場づくりのポイントをまとめたガイドが欲しい」という声が届くようになりました。そこでこれまでの活動で学んだことをもとに、実践的な情報ツールの作成に取り組みました。数年がかりで完成したガイドを公開したところ、公園関連企業、行政、NPO、教育機関、障害のある人やその支援者などさまざまな方から好評をいただき、新たな内容を追加した形で本書の出版へとつながりました。

それまで関わりの少なかった異なる立場の人々が、情報を共有することで相互理解が深まり、協働で大きな成果を上げられることがあります。このガイドが、多様な人が連携するユニバーサルデザインの遊び場づくりの進化に少しでも貢献できれば幸いです。

このガイドについて

■ 目的は？

すべての子どもの豊かな成長と発達を支えるユニバーサルデザインの遊び場づくりに関する情報の提供です。ここで目指すユニバーサルデザインの遊び場とは、**障害の有無などを問わずあらゆる子どもが、自分の力を生き生きと発揮しながら、さまざまな友だちと共に遊び学べる場所**です。

■ 対象は？

おもに**公園施設の計画・設計、整備・管理に携わる方々**（公園緑地行政を担当する方、建設コンサルタント / 建築設計事務所の方、公園の遊具 / 製品を扱う企業の方など）を対象としています。また**ユニバーサルデザインの遊び場づくりに関心を持つあらゆる方々**（障害がある子どもとその家族 / 支援者、子育て / まちづくりの NPO の方、建築 / ランドスケープを学ぶ方など）も活用できるものを目指しました。

■ 特徴は？

近年、日本の公園では園路やトイレなどを中心にバリアフリー整備が進んでいます。しかし障害のある子どもと遊び場に焦点を当てた取り組みは限られ、情報も不足していました。このガイドは、**子どもにとっての遊びの重要性の観点に立ち、「多様な利用者」のニーズを踏まえた質の高いユニバーサルデザインの遊び場づくりに向けた具体的な情報を提供する**ものです。

ガイドの開発に当たっては、ユニバーサルデザインの遊び場づくりの原則、さまざまな住民参加の手掛かり、利用者の幅広い特性を踏まえたデザインのポイントに加え、海外の先進事例を多数紹介することで、より実践に役立つものを目指しました。

■ 多様な利用者とは？

ユニバーサルデザインの遊び場の利用者には、肢体不自由や視覚障害、言語・聴覚障害など身体の機能に障害のある子ども、知的障害や発達障害のある子ども、複数の障害を併せ持つ子どもなどはもちろん、障害のない定型発達の子どもも含まれます。ただし障害の有無は子どもの１つの側面にすぎません。活発でやんちゃな子ども、一人で遊ぶのが好きな子ども、また外国にルーツを持ち日本語を母語としない子どもなど、一人ひとりが幅広い個性や好み、背景などの持ち主であることへの理解が大切です。

また子どもに同行する家族や支援者をはじめ大人の利用者も多様です。自身が障害を持つ親、妊娠している母親、幼い孫を連れた祖父母、遠足で多くの子どもを伴った学校や福祉施設の職員、公園の散歩を日課とする近隣住民など、あらゆる人が公園の利用者になり得ます。

ガイドでは、**障害の有無はもとより幅広い年齢、特性、立場、状況の利用者を想定する**ことを心がけました。

■ 使い方は？

このガイドは、多様なニーズを踏まえた質の高いユニバーサルデザインの遊び場づくりのポイントやアイデアを紹介するものであり、遵守すべき規則集ではありません。各公園の位置付け、事業の規模、敷地の条件、子どもを含む住民の意向などによって、求められる遊び場の姿は千差万別です。何を重視し、どんな遊びや工夫をどの程度取り入れるかを考え合わせ、**それぞれの地域に合ったユニバーサルデザインの遊び場を創造するためのヒント**としてご活用ください。

基本的な考え方

Concept

優れたユニバーサルデザインの遊び場には、「すべての子どもに豊かな遊びを提供する」という共通の理念があります。
なぜ子どもたちに遊びが必要なのか、障害のある子どもや家族はどんな願いを持っているのか、より多くの人に貢献できる公園にするためのポイントとは——
ユニバーサルデザインの遊び場づくりの意義とその方向性を明らかにします。

1-1
遊びの重要性

すべての子どもは遊ぶ権利を持っています。（国連・子どもの権利条約 第31条）

子どもにとって遊びは、ただの気晴らしや暇つぶしではありません。子どもは自発的かつ自由な遊びに没頭することで、新しい世界を探検し、発見や挑戦を重ね、友だちと出会い、自分の中に眠るさまざまな力を引き出し伸ばしているのです。

子どもが遊びを通して獲得する幅広い力は、発達的側面からも捉えることができます。
身体をうまく動かすスキルや強さを養い（身体的発達）、豊かな感情やアイデンティティを育み（情緒的発達）、さまざまな物事を認識し思考する力を高め（認知的発達）、周りの人や社会と関わる力を伸ばす（社会的発達）――いずれも幼少期にその基礎が築かれ、生涯に渡って活かされる大切な力です。

そうした力をもっとも獲得しやすい環境の一つが、屋外の遊び場です。開放的で変化に富む外遊びの場では、子どもがより活発に行動し、さまざまな物に触れ、新たな気づきや冒険を楽しみながら多彩な力を発揮できます。また近年の研究で、幼少期に屋外でたっぷりと遊びを体験することは、肥満や近視の予防、ストレスや不安感の軽減といった心身の健康に加え、集中力や学業の向上、成人後に渡る健康で活動的な生活習慣の維持など、長期的で広範な利益につながることがわかってきています。

しかし現代社会において、子どもが屋外でのびのびと遊ぶ機会は不足しがちです。原因として、子どもが自由に活動できる公共空間や自然環境の減少、学業や習い事の重視による時間的制約、テレビやゲーム機をはじめとする電子メディアの普及、事故や犯罪に巻き込まれることへの脅威などが挙げられます。このまま遊びの機会が失われていくと、子どもたちが人生をたくましく、しなやかに生きる力の獲得は困難になります。この事態を受け、世界では子どもに遊びを保障するためのいっそうの努力が求められています。（国連・子どもの権利委員会「一般的意見17号」）

私たちは、子どもにとっての遊びの重要性を再認識する必要があります。
そのうえでできる取り組みは国、地方自治体、企業、団体、そして親や子どもを含む市民一人ひとりにあり、地域に魅力的な公園をつくることもその一つです。公園の遊び場を誰もがより楽しめる場に進化させることは、子どもたちの豊かな成長と発達を支援するうえで大きな意義があります。

遊びが育む子どものさまざまな力

子どもはいろいろな遊び体験を通して、自ら多彩な力を伸ばしていきます。子どもたちが夢中になれる豊かな遊びの機会の提供が、身体的発達・情緒的発達・認知的発達・社会的発達を含む子どもの総合的な発達の支援につながります。

1-2
障害のある子どもと遊び

当然ながら、障害のある子どもも遊ぶ権利を持っています。遊びに参加する機会は、障害のない子どもと同等に保障されなければなりません。（国連・障害者の権利条約 第30条）

しかし公共の場であるはずの公園には、遊び場へのアクセスや遊具の利用を阻む物理的バリアや、人々の無理解や偏見による心理的バリアが存在し、多くの障害のある子どもと家族を遊びから遠ざけてきました。

もっとも遊びが必要な時期に身近な公園を利用できない状況は、障害のある子どもに長期的な困難や課題をもたらします。例えば運動不足から肥満や病気になりやすい健康面での課題、多様な経験の不足が障害とは無関係な領域にも影響を及ぼす発達面での課題、自らの選択で行動したり挑戦し達成したりする経験の不足が招く自立心や自己肯定感の低下、近隣の子どもや住民との関わりが希薄となる地域での孤立などです。公園のバリアは、開花するはずの能力、つながれるはずの社会といった子どもの未来を狭めるバリアでもあるのです。

また障害のある子どもが遊べないことで、その親やきょうだいも公園を避けがちとなります。家族で公園に出かけて楽しんだり心身をリフレッシュしたりする機会は、生活の質や幸福度にもかかわる要素です。とくに親にとって、近所の遊び場で他の親子と交流する機会の不足は、子育ての悩みを共有したり障害のあるわが子の理解者を得たりすることを困難にし、不安を抱えたままの孤独な奮闘が強いられます。

そして障害のある人が訪れない公園では、障害のない多くの子どもたちも重要な機会を失っています。柔軟な心でさまざまなことを学び世界を広げていくことができる場にじつは壁があり、限られた人としか出会えないためです。幼い時からの分離は、障害に対する偏見や無関心、また障害のある人を個人として尊重する以前に「保護されるべき弱者」の枠に押し込める態度を招きやすく、多様性に不寛容でもろい社会が続く要因ともなります。

公園の遊び場がすべての子どもを歓迎する場に変わることで、誰もが持てる力を発揮し人生の可能性を広げるための機会が保障されます。またあらゆる人と関わる中でお互いに芽生える多様性への理解は、後に学校や職場、社会生活のさまざまな場面で活かされる貴重な財産となります。

ユニバーサルデザインの遊び場づくりは、すべての子どもの遊ぶ権利を実現し、インクルーシブで持続可能な社会へ前進するための価値ある投資です。

障害のある子どもや家族、支援者の声

みーんなの公園プロジェクトが行ったさまざまな障害のある子どもや家族、支援者の方へのインタビュー調査より抜粋

車いすの息子と公園に行っても、入り口には狭い車止めや階段があるし遊具はほとんど使えない。「公園は私たちを受け入れてくれないんだ」と感じました。そこで自宅の一室に遊具をたくさん置いたプレイルームをつくったんです。子どもはいつもそこで遊ばせて、近所の子たちもよくきていました。でも冷暖房完備で必要な物にすぐ手が届く環境と限られた人間関係の中での遊びでは、子どもの力が伸びにくいことに気づきました。子どもには、外に出て自分の思い通りにならない状況を経験したり、見知らぬ子どもや大人と関わったりすることが大切。そこから新しい力が身に付くんですから。公園で遊んでこそ広げられる世界がたくさんあるはずなんです。

肢体不自由の子どもの母親

盲学校の教師

視覚障害のある子どもたちは、幼い時からいろいろな物にたくさん触れる経験を積むことがとても重要です。でも「危ないから」と家の中で過ごさせてしまう家庭が少なくない。じつにもったいないことです。成長や発達に必要な力の中には、大きくなってからでは身に付きにくいものもあるんです。子どもたちにはぜひ、なるべく外へ出かけてたっぷりと遊ぶ体験をしてほしいです。

小学校では休み時間になると校庭に出るでしょ。私は車いすだからみんなみたいに遊べなかった。滑り台は、おんぶして上まで連れて行ってくれる先生がいる時だけ滑れた。もしちょっと工夫がしてあったなら、滑り台だって、ブランコだって、私も自分で遊べたのにって思う。

肢体不自由の女の子

聴覚障害のある子どもの母親

複合遊具って大人が上まで付いていけないことが多いですよね。娘は聴覚障害があるので、いざというときも下から私が声をかけて注意を促すことができません。それに見通しの悪い公園で姿を見失うと、名前を呼んで居場所を確かめることができない。とにかく見つかるまで必死に探し回るんですが、その間「まさか事故や事件に…」といった考えが頭をよぎってすごく怖いんです。そんな思いをしたくなくて、公園にはほとんど行かなくなってしまいました。障害のある子どももものびのびと遊べて、親が安心して見守れる場所があったらと思います。

1-2 障害のある子どもと遊び

子どもにとっての遊びは体の運動だけではありません。さまざまな刺激を受けることで脳も活性化されるのです。見る、聞く、触る、揺れる、回転するなどの感覚刺激を伴う遊びは、障害のある子どもの感覚統合の観点からいっても発達に欠かせないものです。また遊びの中でコミュニケーションを取って人と関わるスキルを学ぶことも大切です。あらゆる子どもがそれぞれの発達段階に応じた遊びを体験し、さまざまな力を伸ばせるようにするには、従来の画一的な公園では難しい。地域には、多様で魅力的な公園が必要だと思います。

特別支援学校の教師

姉が車いすユーザーの女の子

お姉ちゃんと一緒に公園で遊びたい。赤いかわいいブランコに乗りたいの。お姉ちゃんと私とお友だちと３人並んで！

ダウン症で筋力やバランス感覚に課題を持つ子どもは転んだり転落したりしやすいので安全にはいつも気を遣います。ただ、障害があっても子どもには遊びの中でたくさんのリスクに挑戦してほしいと願っています。自然を楽しんだり、知らない人と関わったりもしてほしい。障害のある子どもを持つ家族は、もっと積極的に外へ出かけることが大切だと思います。発達障害とか内臓の機能に障害がある内部障害など、外見だけではわからない障害もありますよね。いろんな障害者がどんどん町へ出て周囲の人と直接関わる機会が増えたら、社会の理解だって広がっていくと思うんです。そうすればきっと障害のある子どもたちにも、地域で見守ったり声をかけたりしてくれる人が増えるはずです。

知的障害のある子どもの父親

視覚障害のある母親

私は全盲で娘は弱視です。とくに広い遊び場だと、どこに何があるのかわからない怖さで自分が歩けないし、娘の状況も把握しにくい。とても不安でなかなか公園に行く気にはなれません。だからいつも通い慣れた保育園の園庭で遊ばせてもらっていました。娘が卒園した後もずっと――。もし私たちにも利用しやすい公園があったなら、子どもの世界をもっと広げてやれたかもしれないと思います。

1-2 障害のある子どもと遊び

重度の重複障害がある子どもであっても、外へ出かけて人と触れ合ったり、さまざまな経験をしたりすることはとても大切です。でもそのためには個人の状態や体調といった障害そのものによるハードルのほかに、環境面でのハードルをたくさん越えなければなりません。公園へ行きたくても車いすで乗降できる駐車場がない、おむつ交換ができるトイレがない、日陰がない、障害の重い子どもが楽しめる遊具がない…どれも大きなハードルになります。こうした環境を整えて一つひとつハードルを下げることで、公園に出かけていろいろな経験ができるようになる子どもや家族はたくさんいると思います。

特別支援学校の教師

発達障害のある子どもの母親

息子は急に遠くへ駆け出したり、自分で危険に気づけなかったりするので、公園ではいつも私がすぐ後を追って走り回っています。すごく高い所に登ったり他の子とトラブルになったりで気が抜けないし、周囲の視線も冷たい。正直、公園へ行く度に親の方が疲れ切ってしまいます。だから遊びに行きたがる息子に悪いと思いつつ、つい家でビデオを見せて過ごしがちです。不意の飛び出しや転落によるけがを防ぐような最低限の安全が確保された遊び場がほしいです。それにもっと障害のある子どもを理解してくれる人がほしい！ みんなにわかってほしいんです。「いろんな子どもがいるんだ」ってことを。

うちはきょうだいがいるので、公園には子ども３人を連れてよく行きます。でも障害のある子の遊べる遊具はありません。行く先々で「ああ、ここにも○○ちゃんが遊べるものがないね。ごめんね」と言いながら、その子を抱いたりバギーを押したりしながら公園の周りを散歩するしかない。ほかの２人が楽しそうに遊んでいる間、いつも１人だけを我慢させなければならないんです。子どもはみんなと同じように遊びたいのに。

肢体不自由の子どもの母親

車いすユーザーの男の子

もしブランコに乗れたらさ、思いっきりこいでみたいんだ。高く、高～く！空で一回転しちゃうくらい！

1-3
公園とユニバーサルデザイン

*「年齢や能力などを問わずすべての人が
可能な限り最大限に使いやすい製品や環境のデザインを——」*

アメリカのロン・メイス氏らが提唱したユニバーサルデザインの概念が日本に紹介されたのは 1990 年代半ば頃です。やがてこのコンセプトは製品開発や建築物、公共交通機関の分野でも活かされ、まちは多様な人が利用しやすい環境へと進化してきました。それらを法的側面から牽引した「ハートビル法」と「交通バリアフリー法」を統合・拡充する形で、2006 年には「高齢者、障害者等の移動等の円滑化の促進に関する法律（バリアフリー法）」が施行されます。ユニバーサルデザインの考え方を踏まえ、地域の一体的なバリアフリー化を推進するこの法律の誕生により、都市公園は初めてバリアフリー整備の対象に加わりました。

以来、公園では新設や改築などに際し、法が定めた 12 の特定公園施設[※1]を中心に、「移動等円滑化のために必要な特定公園施設の設置に関する基準（都市公園移動等円滑化基準）」に沿ったアクセシビリティの改善が図られています。工夫を凝らした多機能トイレや水飲み場、休憩所などがアクセシブルな園路で接続され、公園は高齢者や障害のある人も気軽に訪れ、散策などを楽しめる場へと生まれ変わりつつあります。

しかし子どものための「遊戯施設」はこの特定公園施設に含まれていないこともあり、遊び場におけるユニバーサルデザインの取り組みは限られた公園で自主的に行われている段階です。なかには形式的なバリアフリー対応やデザインの不備が、アクセスを妨げたり、かえって危険を招いたり[※2]、障害のある人に対する分離や偏見を助長したりしているケースもあります。

※1　12 の特定公園施設：「園路及び広場」、「屋根付広場」、「休憩所」、「野外劇場」、「野外音楽堂」、「駐車場」、「便所」、「水飲場」、「手洗場」、「管理事務所」、「掲示板」、「標識」。

※2　遊戯施設の安全確保については、国土交通省による「都市公園における遊具の安全確保に関する指針」や日本公園施設業協会による「遊具の安全に関する規準」などが策定されており、その基準には則っている場合もあります。

これって“ユニバーサルデザイン”？

・メインの遊び場とは別に、障害のある子ども向けのエリアが特設されている。

・高く大きな複合遊具だが、スロープは一番低いデッキまでしかつながっていない。

・お店屋さんごっこのカウンター内に段差があり、車いすの子どもはお客さん役しかできない。

・いかにも安全で易しい遊具しかない。

・遊び場のあちこちにやたらと車いすマークが表示されている。

1-3 公園とユニバーサルデザイン

あらゆる子どもが尊厳を持って生き生きと遊べる、質の高いユニバーサルデザインの公園づくりには何が必要なのでしょうか。鍵は二つあります。

一つは「情報の収集」です。

アメリカやオーストラリア、ヨーロッパなどでは、障害の有無を問わないインクルーシブな遊び場づくりの実践、遊具の開発、指針の策定、プログラムの提供などが進んでおり、参考となる情報が豊富です。またユニバーサルデザインや子どもの遊びに詳しい建築家、ランドスケープアーキテクト、遊具メーカー、子どもの発達や障害に関する専門家などから得られる知見もあります。優れた先行事例や専門的な情報の入手は、遊び場づくりのさまざまな場面で適切な判断をする支えとなります。

もう一つの鍵は「多様な住民の参加」です。

遊び場に対する具体的ニーズやアイデアの種を持つ子どもや大人は大勢います。公園を地域に根差した有意義な場とするには、障害のある人やその家族を含む多様な住民と早い段階から協働することが重要です。参加のタイミングが遅れるとせっかくの意見を反映する余地が減り、無理な変更で時間やコストがかかったりやむなく不十分な出来となったりするものです。計画、設計、施工、運営のすべての段階を通して、人々が対話を重ね学び合い協力することが、価値ある公園を生み出すための近道です。

残念ながら、文字通り万人にとって完璧なユニバーサルデザインの遊び場は存在しません。海外の遊び場づくりの実践者は「私たちは学び続けている。今も、これからも」と口を揃えます。情報を集め、障害のある人を含む多様な人々と知恵を絞り、工夫を重ね進化を続けるスパイラルアップの過程そのものがユニバーサルデザインの本質です。

2014年、日本は国連・障害者の権利条約を批准し、2016年には「障害を理由とする差別の解消の推進に関する法律(障害者差別解消法)」が施行されました。遊び場に残る障壁を取り除き、障害のある子どもや家族を含む誰もが等しく利用できる魅力的な公園づくりを目指す責任が、私たちの社会にはあります。

1-4
ユニバーサルデザインの遊び場と5原則

ユニバーサルデザインの遊び場は、障害のある子どものためだけの特別な場所ではありません。障害の有無などを問わずあらゆる子どもが、自分の力を生き生きと発揮しながら、さまざまな友だちと共に遊び学べる場所です。

あらゆる子どもが遊びを通してのびのびと成長し、多様性への理解を深め、地域や社会とのつながりを広げていけるよう、ユニバーサルデザインの遊び場づくりを支える柱として次の５つの原則を提案します。

ユニバーサルデザインの遊び場の５原則

**ユニバーサルデザインの遊び場は、
障害の有無などを問わずあらゆる子どもが
自分の力を生き生きと発揮しながら
さまざまな友だちと共に遊び学べる場所です。**

アクセシビリティ

**誰もが公平にアクセスでき、最大限に自立して遊びに参加できるよう、
物理的環境を整える。**

選択肢

**誰もが自分の好きな遊びを見つけ、さまざまな力を伸ばせるよう、
多彩な遊び要素とチャレンジの機会を提供する。**

インクルージョン

**誰もが対等に遊びに参加し関わることで相互理解が深まるよう、
インクルーシブな環境をつくる。**

安心・安全

**誰もが重大な危険にさらされることなくのびのびと遊べるよう、
細やかな配慮と工夫を凝らす。**

楽しさ！

**誰もがワクワクしながら自らの世界を大きく広げられるよう、
遊びの価値の高い環境を目指す。**

遊び場づくりの実践に向けたキーワード

５原則をもとに、ユニバーサルデザインの遊び場をつくるうえで大切にしたいキーワードを書き出すことで、プロジェクトの方向性がより明確になります。例えば次のようなキーワードが考えられます。

アクセシビリティ

□ **立　地**
障害のある子どもや家族が立ち寄りやすく、公共交通機関を含むいろいろな手段で来訪できるロケーションを選ぶ。

□ **遊びへの参加**
遊び場全体をアクセシブルなルートでつなぎ、どの遊びエリアにも誰もが利用できる遊具や遊び要素を取り入れる。

□ **自　立**
多様な子どもが可能な限り自分の力で活動できるよう、直感的な環境把握や遊具のユーザビリティの向上を図る。

選択肢

□ **遊び要素**
身体を使った運動遊びに加え、感覚的遊びや社会的遊び、自然遊びなどバラエティに富んだ遊び要素を設ける。

□ **段階的選択肢**
自分に合った遊び方や挑戦のレベルを選べるよう、サポートの度合いや難易度が段階的に異なる遊びを設ける。

□ **エリア分け**
子どもが自分のお気に入りの遊びや場所を選びやすいよう、特徴によって整理したエリアを効果的にレイアウトする。

インクルージョン

□ **住民参加**
遊び場づくりのプロセス全体を通して、障害のある子どもや大人を含む地域のさまざまな人と協力する。

□ **関わり**
多様な子どもが並んで遊んだりコミュニケーションを取ったりしやすいよう、社会的交流を促すデザインにする。

□ **尊　厳**
障害が強調されたり特別視されたりすることなく、誰もが対等で尊重し合えるよう、公平でさりげない工夫をする。

安心・安全

□ **ニーズの把握**
あらゆる人が安心して遊び場を利用できるよう、多様な人の特性やニーズを的確に把握し、設計に反映する。

□ **ハザードとリスク**
ハザードの除去により重大な事故は防ぎつつ、子どもの発達に応じた適切なリスクテイクの機会を設ける。

□ **見守り**
障害のある子どもの親を含む周囲の大人が、子どもののびのびとした遊びや挑戦を見守りやすい環境づくりをする。

楽しさ！

□ **遊びの価値**
バリアフリーや安全確保のみにとらわれず、子どもたちが心躍るような発見や体験ができる遊び場を目指す。

□ **自　由**
決まった遊び方だけではなく、子どもが主体的に遊びを創造できるよう、柔軟性や自由度を備えた環境を設定する。

□ **プログラム**
人々が公園へ来訪し遊びに参加しやすいよう、さまざまな子どもや家族に向けた魅力的なプログラムを提供する。

視点１　子どもの「遊び」と多様な人が支え合う地域社会

奥田陸子さん（IPA：子どもの遊ぶ権利のための国際協会日本支部）

<遊び>

「遊び」は、それぞれの子どもが生まれながらに持っている能力を伸ばして成長するのに欠かせない重要なものです。1989年に採択された国連・子どもの権利条約の第31条にも、「遊び」はすべての子どもが持つ権利として認められています※1。

でも、多くの大人は「子どもの遊ぶ権利」にあまり関心がないというのが現実ですね。日本では勉強や習い事で遊ぶ時間がなかったり、近所に十分な遊び場がなかったりする子どもがたくさんいます。また大人の中には、遊びを道具のように取り入れて教育効果を上げるとか、子どもの遊びたい気持ちを利用して何かをさせるといった目先のことに一生懸命になる人はいても、本来の遊びの価値というのを理解している人は少数です。

子どもにとっての遊びの大切さを、言葉で説明してわかってもらうのは本当に難しいですね。誰にも指図されない、自由で本能的な遊び、ワクワクする気持ち…きっと体験してない人はいないと思うんですけど、忘れちゃってるのかもしれません。とくに子どもの頃よく遊べた人ほど、自分にとってはそれが当たり前で、大切だなんて思わなかったから。

子どもにとっての遊びの重要性が理解されにくいという状況は海外でも同じです。せっかく第31条があるのに、実質的にはあまり効力が発揮されてきませんでした。このままではいけないということで、2008年にIPAが他の団体と連携して子どもの権利委員会に申し入れをし、その結果、2013年に国連・子どもの権利委員会から「一般的意見17号」が発表されました※2。

権利委員会が出す「一般的意見」というのは単なる解釈を示したものではなくて、この権利にどんな意義があるのか、現状としてどういった課題があるのか、権利を実現するためにとくにどんな子どもたちに配慮するべきか、そして政府や大人は何をすべきかをかなり具体的にサジェスチョンしています。「みーんなの公園プロジェクト」と関連のある、障害のある子どもの遊びについても書かれていますよね。明記されているということは一つの大きな武器になります。「国連がこう言ってる」となるんですから。いま、多くの締約国がこの「一般的意見」に沿って、それぞれの国で取り組みを始めているところです。

<障害のある子どもと地域社会>

これからの社会、いろんな人が実際に接することでお互いを理解していける、そういう場が地域に広がるといいと思います。

日本では、子どもに障害があるとわかると、それまで普通に暮らしていた地域社会と突然関係が切れちゃうことがありますね。親子で通院やリハビリに追われたり、外出を控えるようになったりして地域社会から孤立してしまう。本来、逆です。みんながその子のことを知ってみんなで助けられなきゃいけない。

そのためにも地域には遊び場なり親子が集える場なり、いろんな形の場があることが大切ですね。地域社会全体として、障害のある子どもや高齢者も含め、みんながお互いに見守り見守られるのが理想だろうと思います。理想なんていうと夢見る夢子さんみたいですけど（笑）。

本当の理想郷は永遠にできないでしょう。それでも社会がより良い形になるよう、気づいた人がやっていくしかないと思うんです。一人ひとりが何をやれるのか、どうしたら広げていけるのか、課題はあります。でもいろんな場でそうしたことに取り組む人がいることが、まずは大切なのだと思います。

※1「資料／参考文献」参照。
※2「資料／参考文献」参照。

視点2　障害者政策の観点でみるユニバーサルデザインの公園づくり

長瀬修さん（立命館大学教授：障害学・障害者政策）

<障害の社会モデル※3>

私が障害学に出会ったのは、1994年にオランダ・ハーグの社会研究大学院大学に留学していたときです。障害のことを社会のバリアが作り出す問題（＝社会モデル）として見るとすごくわかりやすく、とても新鮮で、そこから障害学に惹かれていきました。

<連鎖>

社会モデル的に考えたとき、障害の問題の構造は、「連鎖」なんです。例えば何らかの障害があること、それ自体は大したことはないかもしれない。でも近所の公園では遊べないから遊ぶ機会がなくて友だちが少ないとか、近所の病院にはちゃんと診てくれる医者がいないから遠くの病院まで通わないといけないとか、近所の塾は受け入れてくれないから諦めるとか、そういうことがいろんな子どもにランダムに起こるのではなく、常に特定の○○ちゃんには起こるわけです。それも生涯を通じてずっとです。

ありとあらゆる場面で不利益が積み重なって、それが10年、20年経ったときには相当なギャップになってきます。親も家族も、広い意味で言えば社会もそれに巻き込まれていく。それをなくそうとするのが社会モデルです。それだけでは全部解決しないかもしれないけれども、やれるところはものすごくあります。それは、その悪循環を切るということです。どうやって、どこでストップをかけるかということです。一筋縄でいく話ではないので、ありとあらゆる生活の場面でその連鎖を切っていく努力が必要です。ユニバーサルデザインの公園もその一つだと位置付けられるでしょう。

<コミュニティー>

ユニバーサルデザインの公園のもう一つの意義は、コミュニティーとの関係です。日本は、知らない人と話す機会が世界の中でとりわけ少ないという統計が出ています。日本のコミュニティーでは、知らない人と新たに出会う機会と、出会った人と付き合って人間関係をさらに豊かにする両方の機能が弱くなってきていると思います――少なくともネット上ではない生身の人と人の関係では。それを強くしていくために公園が果たせる役割があるのではないかと思います。知らない人が出会う場であり、知っている人たちが安心して行ける場。それがユニバーサルデザインになっていない、バリアフリーになっていないということは、最初から特定の人を排除しているということですからね。

<遊びの権利>

国連障害者の権利条約30条の中には、障害のある子どもが他の子どもとの平等を基礎として、遊び、レクリエーション、余暇およびスポーツの活動に参加することができることを確保するよう書かれています※4。子どもが遊ぶことをレクリエーションや余暇に入れないで、ちゃんと「遊び」として明記したところがポイントです。子どもの場合はやっぱり遊びが大切だということです。

文化的な生活、レクリエーション、余暇、スポーツを扱う30条はすごく大事な条項だと思っています。これらは贅沢品のようなことだと思われがちですが、そうではなくて、人間の生きる基本的な部分に密接に結びついていて、これが生きがいの人も多いわけです。障害者だけこれらのことが贅沢品だというなら本当におかしな話です。だから子どもにとっては近所の公園が使える、近所の公園でみんなが居られるというのはすごく大事なことで、公園のユニバーサルデザインの意義は大きいと思いますよ。

※3 障害の「社会モデル」とは、損傷（インペアメント）と障害（ディスアビリティ）とを明確に区別し、障害を個人の外部に存在するさまざまな社会的障壁によって構築されたものとして捉える考え方。（星加良司、2007年、『障害とは何か――ディスアビリティの社会理論に向けて』生活書院、を参照）
※4「資料 / 参考文献」参照。

「みーんなの公園プロジェクト」に寄せられた、子どもたちの夢の公園やユニバーサルデザインの遊び場・遊具のアイデア。

2

遊び場の計画と運営
Planning and Management

「多様な人のために」つくる時代から「多様な人と共に」つくる時代へ——
ユニバーサルデザインの遊び場づくりの成功の鍵を握るのは、地域の人々との協働です。
障害のある子どもや大人をはじめ、教育、福祉、子育て、まちづくり…さまざまな分野の人と連携を図り、地域に根差した有意義な遊び場づくりを目指します。

2-1
敷地の選定

■ **<調査・分析>**既存の遊び場の供給量や配置の偏り、そこで提供される遊び活動の種類や質などを調査・分析することで、候補地を選定する材料とします。(例：子どもの数に比べて遊び場が不足している場所、遊具が老朽化し改築が必要な場所、類似した遊びを提供する公園が集中している場所などの洗い出し)

■ **<利用者の需要>**ユニバーサルデザインの遊び場をもっとも必要とする人たちが立ち寄りやすいよう、障害のある子どもや家族が利用する施設などに近い場所を優先します※1。(例：児童発達支援センター、障害児のデイサービス / 通園事業を行う施設、統合保育・教育を進める認定こども園 / 保育所 / 幼稚園 / 学校、特別支援学校、障害児の入所施設、子ども病院)　また障害の有無を問わず多くの親子連れが利用する施設に近い場所も候補地として検討します。(例：図書館、児童館、ショッピングセンター、動物園などの観光スポット)

※1　施設側としても、公園を活用した新たな取り組みが展開しやすくなります。

■ **<安全>**近くに崖や大きな川、池、交通量の多い車道といった危険要素がない場所を優先します。また公園の安全な利用や犯罪抑止のため、周囲からの見通しが良く、人の往来や周辺住民の視線などが確保できる場所を優先します。

■ **<アクセス>**公共交通機関を含め、公園へのアクセシビリティが整った場所を優先します※2。(例：バリアフリー法に基づく重点整備地区内の公園、最寄り駅がバリアフリー対応、ノンステップバスが運行されるバス路線上、駐車場がある既存公園)

※2 「4-1 公園へのアクセスと安全」参照。

■ **<規模>**大規模な公園（例：総合公園、広域公園などの広い遊び場）と小規模な公園（例：街区公園、近隣公園などのコンパクトな遊び場）には、それぞれメリットとデメリットがあります。敷地の立地条件、想定される利用者層・利用圏域、事業予算、また都市計画や公園緑地のマスタープランなどと考え合わせ、より効果的な遊び場のあり方を検討します※3。

※3　一つのユニバーサルデザインの公園で、すべてのニーズに応えることは困難です。地域全体であらゆる子どもにさまざまな遊びの機会を提供するために、一事業で終わらせるのではなく中・長期的な取り組みとして展開することが望まれます。

- **大規模な公園のメリット**（小規模な公園では困難）
駐車場やトイレ、休憩所などの便益施設が比較的整い、車や公共交通機関でもアクセスしやすい。遠方からレジャーで訪れる多様な家族連れや遠足などの団体も利用しやすい。バラエティに富んだ遊びの機会を提供できる。

- **小規模な公園のメリット**（大規模な公園では困難）
利用者が遊び場のどこに何があるかを把握しやすく、障害のある子どもも自立して遊びやすい。近隣住民の利用が多いため、安心できる環境で相互理解が進みやすく、地域の多様な子どもや大人がつながる場を創出できる。

■ **<地形・環境>**敷地は、完全に平坦で開けた場所に限定する必要はありません。多少の起伏や既存の樹木などを、遊び環境を豊かにする要素として積極的に活用する方法を検討します。

a: アメリカ・サンフランシスコの広い公園内につくられた大規模な遊び場。
b: オーストラリア・シドニー郊外の閑静な住宅地につくられた小規模な遊び場。
c: アメリカ・シアトルにつくられたインクルーシブなプリスクール兼公園。
d: 冬季オリンピック・パラリンピック大会を機にカナダ・ウィスラーにつくられた遊び場。
e: オーストラリア・キャンベラの子ども病院の中庭につくられた遊び場。

2-2
さまざまな住民の参加

■ **＜ビジョン＞**ユニバーサルデザインの遊び場づくりの目的、意義、コンセプトなどを明確にしたビジョンを作成し、さまざまな人と共有しやすくします[※1]。

■ **＜呼びかけ＞**地域の各方面の人々に呼びかけ、ユニバーサルデザインの遊び場づくりへの支持者や協力者を募ります[※2]。

- 障害のある人やその家族（多様な障害種別の人を含むこと）
- 障害のある子どもの支援者（例：障害児の支援団体、特別支援教育の専門家、作業療法士 / 理学療法士 / 言語聴覚士 / 視能訓練士、放課後等デイサービス / 児童発達支援事業の従事者）
- 子どもと遊びの支援者（例：子育てや遊びに関するNPO/親子グループ / プレイリーダー、幼児教育の専門家、放課後児童クラブ / 放課後子ども教室の従事者）
- 地域のさまざまな大人（例：障害の有無を問わず子育て中の親、若者、高齢者、まちづくり / 地域おこしに関するNPO、公園愛護会）
- 地域のさまざまな子ども[※3]（例：認定こども園 / 保育園 / 幼稚園、小学校、中学校、特別支援学校、子ども会、学童クラブ）

■ **＜プロジェクトチーム＞**遊び場づくりの全段階を通して緊密に連携し、事業を率いるプロジェクトチームをつくります。チームのメンバーは、障害のある人を含むさまざまな地域住民[※4]、公園の設計や建築の専門家、行政担当者などで構成します。チームで情報を共有し協議や検証を重ねて、有意義な遊び場の実現を目指します[※5]。

■ **＜ファシリテーター＞**プロジェクトチームのファシリテーターは、子どもの遊びやユニバーサルデザインに理解があり、メンバーの建設的な議論を支え、中立の立場で意見を収斂（しゅうれん）できる人物が望まれます。多様なメンバーが個人の意見やアイデアを気兼ねなく出し合えるよう、ポジティブな雰囲気づくりと細やかな配慮に努めます[※6]。

■ **＜情報保障＞**プロジェクトチームの中の障害のあるメンバーに、協議に参加するうえで必要な配慮の有無を事前に尋ねます。要望に応じて手話通訳者 / 要約筆記者などを手配したり、点字 / 拡大文字

※1　これまで公園を利用することがなかった障害のある子どもや家族をはじめ多くの人にとって、ユニバーサルデザインの遊び場がどんな場所なのかはイメージしにくいものです。先行事例や遊具の写真などの具体的な資料があると、人々の理解が進みやすくなります。

※2　ユニバーサルデザインの遊び場に対する理解を広め協力体制を築くには、それぞれの関係者に直接会ってプロジェクトの趣旨を丁寧に伝えることが有効です。

※3　遊び場の主役は子どもです。子どもが自分の意見を自由に表明し社会参加をすることは、彼らの権利であり（国連・子どもの権利条約 第12条）、貴重な成長の機会でもあります。

※4　多様な子どもを含むことが望まれます。子どもが協議に直接参加することが困難な場合、子どもたちの窓口となる担当者を置き、情報の共有と意見の反映ができる体制を整えます。

※5　協議を行う会場は、多様な人がアクセスしやすく、多機能トイレなども整備された施設が望まれます。

※6　知的障害や言語障害などのある人の中には、話し合いの内容を理解したり、自分の考えをまとめて発言したりするのに時間を要する人もいます。必要に応じて事前に資料を配布する、平易な言葉で話す、発言の時間を十分確保するなどの工夫が望まれます。

/ ルビ付き資料を提供したりします。協議に用いる資料は、わかりやすい内容や色使いに留意し、3D パース / 模型などの活用も検討します。

■ **<参加の機会>** プロジェクトチーム以外にも多様な人が関われるよう、さまざまな形式で住民参加の機会を設けます※7。

- 共同調査を行う（例：さまざまな親子へのインタビュー、既存の遊び場の課題を探る公園ウォッチング、先行事例の公園見学、遊び場の建設段階でのユニバーサルデザイン検証）
- アイデア・意見を募る（例：遊び場のアイデア募集、理想の遊び場の絵 / 模型の募集、遊び場のユニバーサルデザインを考えるワークショップ、設計プランへのパブリックコメントの募集、公園名 / ロゴマークの公募）
- 寄付・ボランティアを募る（例：地元企業の社会貢献活動 /CSR との連携、レンガ / ベンチ / 樹木 / 遊具などの寄付募集、地元の芸術家 / 学生によるモニュメント制作、多様な住民によるモザイク壁画の制作や花壇の植え込み作業、開園を祝うイベントの運営 / 出演）

■ **<情報発信>** 地域住民の間にユニバーサルデザインの遊び場づくりへの認知が広まるよう、公園づくりの進捗状況を複数の手段で継続的に発信します。（例：広報紙 / ウェブサイト /SNS の活用、テレビ / ラジオ / 新聞などメディアでの紹介、子ども記者による取材、公園の模型を役所 / 学校 / 図書館 / 児童館などに巡回展示、遊び場のオープニングイベントへの参加呼びかけ）

※7　参加の度合いが高いほど、地域住民の公園に対するオーナーシップが高まり、ユニバーサルデザインや多様な利用者に対する理解も進みます。障害のある人も参加しやすいよう、情報提供や問い合わせの手段は、紙媒体、ウェブサイト、電話、FAX など複数設けたり、ワークショップやイベントは、必要に応じて手話通訳者などを手配したりします。

a: 遊び場の入り口。子どもたちがつくったタイル壁画と、遊び場づくりに協力した企業の紹介パネル。
b: 遊び場を囲む花壇。近隣住民が協力して美しい草花を植えた。
c: 遊び場へのアプローチ。園路のタイルには寄付者の名前やメッセージが刻まれている。

2-3
利用の促進とスパイラルアップ

■ **<宣伝活動>**完成したユニバーサルデザインの遊び場を地域の多様な人に周知してもらうよう宣伝し、利用につなげます。(例:児童発達支援センター / 認定こども園 / 保育園 / 幼稚園 / 学校 / 児童館 / 子育てサロン / 図書館 / 障害児者施設 / 障害者支援や子育て支援を行うNPO/ 公園の最寄り駅 / 商業施設などでのポスター掲示やチラシ配布、広報紙 / ウェブサイト /SNSでの告知、テレビ / ラジオ / 新聞 / 子育て世代に向けたフリーペーパーなどメディアでの紹介)

■ **<ウェブページ>**ユニバーサルデザインの遊び場のウェブページを設けることを検討します[※1]。ウェブページには以下の内容を含みます。

- 公園の場所と行き方(例:住所、地図、公共交通機関でのアクセス方法、障害者用駐車場の有無や台数)
- 遊び場の解説[※2](例:全体の見取り図、各エリアを紹介する図や写真、オリエンテーションビデオ、公園で行われるプログラム / イベントのスケジュール紹介)
- 便益施設などのアクセシビリティ(例:トイレの詳しい情報や写真[※3]、屋根付き休憩所の有無や数、遊び場の囲いの有無)

■ **<プログラム>**多様な子どもによる遊び場の利用機会を増やすため、さまざまな人と協力し、プログラムの提供やそのための支援を行います。(例:プレイイベントの定期開催[※4]、子育て支援NPO/ 親子グループ / 福祉・幼児教育を学ぶ学生のボランティアサークルなどが行う遊びプログラムの支援、ネイチャーガイド / 市民ボランティアによる公園の自然観察会、特別支援学校と一般の学校との交流遠足)

■ **<評価と改善>**公園のユニバーサルデザインのスパイラルアップに向けて開園後も事後評価や調査を行い、さらなる改善と情報共有に努めます。(例:子どもを含む公園利用者へのインタビュー / アンケート、メール / 電話 /FAXなどでの意見募集、プロジェクトチームや多様な人による遊び場のモニター調査と課題に対する改善策の検討、集めた情報を整理しウェブページなどで公開[※5])

※1 多様な人が情報を入手できるようウェブアクセシビリティの向上に努めます。(例:画像の代替テキスト付与、文字の拡大表示、画面配色切り替え、音声読み上げソフトへの対応、ルビ付きで平易な表現による子ども向けページの追加)

※2 自閉スペクトラム症などで新しい環境への適応が苦手な子どもの中には、事前に現地の様子がわかることで見通しが持て、初めての場所へも出かけやすくなる場合があります。

※3 トイレにおけるニーズは人によって大きく異なるため、「多機能トイレ有り」の表記だけでは、実際に利用できるかどうかの判断が難しい場合もあります。

※4 プレイイベントは誰もが参加できるオープンな形式が望まれますが、障害を持つ子どもや家族の中には、いきなりそうした場に出向くことを躊躇する人もいます。障害のある子どもとない子どもの橋渡し役として理解あるプレイリーダーなどがいると、大変参加しやすくなります。また、まずは障害のある子どもやきょうだいを中心とした小さなイベントから始め、徐々に参加者の範囲を広げる形式も有益です。

※5 公園における具体的な工夫とその効果、課題とその対処法などは、同様の遊び場づくりを望む人にとって貴重な情報となります。

■ **＜維持管理＞**安全性に加えアクセシビリティやインクルージョンが継続的に提供できるよう、丁寧な維持管理に努めます。維持管理作業の一部には、地域住民の協力を得ることも検討します※6。（例：多様な人が参加して行う清掃作業や花の植え替えイベント）

※6　地域に住むさまざまな人にとって交流の機会となるうえ、公園のより丁寧な利用や積極的活用にもつながります。

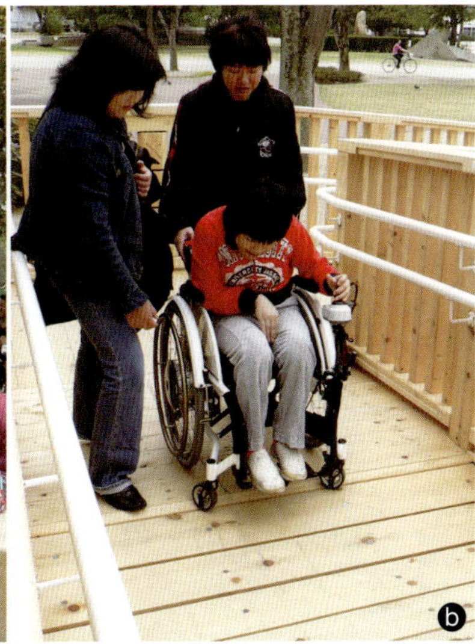

a: さまざまな親子向けに毎月開催されるプレイイベント。住民の多様性を考慮し、アナウンスは英語とスペイン語の両方で行われる。
b: 障害のある子どもと家族の協力を得て実施した遊び場のモニター調査。
c: プレイイベントで人気の工作コーナー。学生ボランティアらが運営を担当する。
d: プレイイベントを告知する垂れ幕。多様な子どもが思い思いに色を塗った布で作られた。
e: 遊び場の掲示版。イベントのスケジュールやバーベキューコーナーの予約状況などがわかる。

ケアンズ在住の日本人ママの驚き

「障害のある子どもが遊べる公園？ なんだかつまらなそう…」ユニバーサルデザインの公園に対してそんな印象を抱く方もおられるのでは？

オーストラリア・ケアンズでクイーンズランド州が新しく整備したインクルーシブな公園“Sugarworld All Abilities Playground”を調査した時のエピソードをご紹介します。

広さ 0.35ha ほどの敷地に芝生広場や遊具エリア、ピクニックエリアがあるその遊び場で、日本人のお母さんや子どもたちのグループと遭遇。さっそく声をかけさせてもらいました。

「日本の方ですか？　突然すみません。障害のある子どももない子どもも一緒に遊べる公園を調べていまして、クイーンズランドでいい実践がされていると聞いてやってきたんですが」

「まあ、そうなんですか！ それはそれは遠くから…」と応じてくださっていたお母さんが、しばらく考えて

「ん？…あっ、ここ、そういうコンセプトの公園だったんですか！」とびっくり。

なんでも、ケアンズ在住の日本人ママたちの間で「郊外に新しい公園ができたらしい」という情報が流れ、試しに行ってみると楽しくて子どもたちも大喜び！「これはいい遊び場を見つけた」とさっそくママ友たちを誘って再訪したところだそう。

「いろんな遊びができるし、緑も多いし、きれいで楽しいですよ！ ちゃんと日除けがあるからこんな真夏でもしっかり遊べるでしょ。それに日本の公園と違って地面も工夫されてるし、周りが柵で囲われてるのがいいですね。こうしてたくさんの子どもを連れてきても、親は安心して見守れます。いやあ、そうだったんですね！ 言われてみればいろんな工夫がありますよね。とにかく楽しくていいですよ。これからも子どもたちのお気に入りの遊び場として、しょっちゅう来ると思います！」

じつは公園の入り口脇に、遊び場の趣旨を紹介するささやかな看板があるのですが、見過ごされることもしばしば。ユニバーサルデザインの公園は、さりげない工夫であらゆる子どもにとって魅力的な遊び場を目指しているため、利用者の中にはこうして、ただ「楽しい遊び場！」「そういえばいろんな子どもたちが遊んでるなぁ」といった認識の方も少なくないのです。

障害のある子どももない子どもも自然に出会い、夢中で遊び、いつの間にか友だちになる――　そんな公園に、障害のある子どもの家族からも「障害児のための特別な場所ではなく、“普通の”楽しい遊び場なのが嬉しい」という声が聞かれます。

ユニバーサルデザインの公園は、あらゆる子どもにとってお気に入りになり得る楽しい場所です。

プレストン君の夢

アメリカ・オハイオ州にある遊び場“Preston's H.O.P.E.”。ここは脊髄性筋委縮症で車いすに乗る男の子プレストン君のためにお母さんと友人たちが「誰もが一緒に遊べる公園をつくろう」と立ち上がり、地域のさまざまな人が協力や寄付をして７年がかりで実現した遊び場です。公園の名前は「プレストンの希望」という意味ですが、H.O.P.E. は“Helping Others Play and Enjoy”の頭文字でもあり、「みんなで助け合って楽しく遊ぼう」という願いが込められています。遊び場の完成により、障害のある子どもにはきょうだいや友だちと一緒に遊ぶ機会が生まれ、その家族には週末にそろって出かける楽しいレジャーの時間ができ、町の人々は自慢の公園を手に入れました。

多彩な遊びエリアの中でもっともユニークなのが、学校、消防署、銀行、お店などに見立てた７軒の家が建ち並ぶ町エリア。そのうち４軒は２階建てで、２階部分はすべてスロープで繋がっています。建物自体はシンプルですが、内部の壁には遊びや学びのきっかけとなるパネルなどが配され、それぞれに特徴のある空間づくりがされています。

かわいらしい家々、手入れが行き届いた街路樹、ベンチや消火栓までもが景色に溶け込んだ本物さながらのこの小さな町で、子どもたちはスケールの大きなごっこ遊びを繰り広げ、一緒に遊んだり、勉強したり、働いたり、買い物を楽しんだりしていました。その様子は、多様性を認め合うさまざまな人が共生するコミュニティーの生き生きとした姿に重なります。

野外ステージのベンチの座面には、こんな言葉が刻まれています。

「ある子は、空を飛ぶ夢を見る。
　ある子は、ただ公園で遊ぶ夢を見る」

この遊び場は子どもの一つの夢を叶えました。しかしプレストン君と彼を支援した人々の大きな夢は、きっと今も進行中です。

ここでさまざまな仲間と一緒に遊ぶのが日常だった子どもたちが、将来築いていくであろうよりインクルーシブな社会にこそ本当のゴールがあるような気がします。

遊びのデザイン

Play Design

障害の有無を問わずあらゆる子どもが一緒に生き生きと楽しめる公園の姿は多種多様で、遊びの種類にも工夫の仕方にも多くの選択肢があります。それぞれの公園の良さを生かした豊かな遊び環境の創造を目指します。

3-1
遊び場の概要

■ **<遊びの豊かさ>**遊びの価値が高く、多様な子どもの身体的・情緒的・認知的・社会的発達を幅広く支援できる遊び場とするため、提供する遊具や遊び要素、環境を丁寧に検討します。

■ **<幅広い利用者>**障害の有無を問わずきょうだいや異年齢の子どもたちが一緒に遊びやすいよう、利用者の年齢層を広く想定します[※1]。

■ **<エリア分け>**多様な人が遊び場のレイアウトを容易に理解し、自分の選んだ遊び活動を存分に楽しみやすいよう、遊びのタイプや特性によってエリアをいくつかに分け、効果的に配置します[※2]。（例：動く遊具や活発な遊びを中心とした動的エリアと、静かで落ち着いた環境の静的エリアを設ける。ブランコエリア、砂 / 水遊びエリア、音遊びエリアなどを分けて配置する）

■ **<アクセスと参加>**あらゆる子どもが遊びに参加できるよう、すべてのエリアはアクセシブルな園路または地面でつながった状態とします[※3]。移動で体力が過度に消耗されることがないよう、各エリアは適度に近い位置へ配置します。どのエリアも、インクルーシブな遊び要素[※4]を含むものとします。

■ **<インクルージョン>**障害のある子どもを含む多様な利用者が並んで遊んだり交流したりしやすいよう、遊具などのデザインに留意します。エリア分けや配置、園路計画が、障害のある子どもとない子どもの分離につながらないよう注意します。（不適切な例：主要な遊びエリアとは別に障害のある子ども向けのエリアを設ける。インクルーシブな遊具を、地面や複合遊具の低いデッキにまとめて配置する。アクセシブルな園路が通じていないエリアがある）　また遊び場にむやみに車いすマーク / 障害者のための国際シンボルマークを表示することは避けます[※5]。（注：駐車場やトイレは除く）

■ **<脱・一点豪華主義>**遊び場の中でひときわ目立つ特別な遊具を置いたり、一つのエリアをとりたてて充実させたりすることは避けます[※6]。遊び場全体で豊かな体験を提供するよう、それぞれのエリアで工夫を凝らし魅力を高めます。

※1　病気や障害により、ある程度年齢が高くなってから公園遊びを始める子どもや、大きくなってからも遊具遊びを楽しみたい子どもがいます。幼児のみが対象の遊び場では、遊具のサイズが合わなかったり、他の利用者への気兼ねがあったりして利用しにくい場合があります。なお、子どもの遊び場とは別に大人向けの健康器具コーナーや散策路を設けると、地域の高齢者なども立ち寄りやすくなり、多世代の住民による交流や子どもの見守り、防犯の効果も期待できます。

※2　一つのエリアに多くの遊具が置かれ動線が交錯する遊び場は、視覚障害や発達障害、知的障害などのある子どもにとって全体像が把握しにくいうえ、煩雑さや刺激の多さから遊びに集中しにくい場合があります。

※3　遊び場でもっとも高い場所（例：丘や複合遊具の頂上）は子どもにとって特別です。頂上も含めてアクセシブルとすることが望まれます。

※4　障害の有無などを問わず多様な子どもが共に楽しめる遊具や遊び活動。

※5　スロープの出入り口や遊具への移乗ポイント、背もたれ付きブランコなどに車いすマークを掲げる例がありますが、障害の強調や障害のある子どもに対する特別視につながりやすいため勧められません。

※6　遊びの幅が広がりにくいうえ、人気の高い遊びに参加できない子どもに、疎外感を抱かせることにつながります。

■ **＜人工物と自然物＞**多彩な遊びの機会を提供するため、安全性やアクセシビリティが考慮され特有の遊び体験ができる人工物 / 遊具と、表情豊かで変化に富み自由度や柔軟性を備えた自然物[※7]の両者を織り交ぜた環境づくりを目指します。

■ **＜ハザードとリスク＞**多様な利用者にとって重大な事故につながるハザードを除去するため、障害などの特性やニーズを踏まえて慎重にデザインします[※8]。そのうえで子どもが発達や特性に応じた適切なリスクに挑み達成する経験を積めるよう、段階的な挑戦の機会を提供します[※9]。

■ **＜見通し＞**遊び場は周囲から完全な死角となる場所をなくし、基本的に見通しのきく状態とします[※10]。そのうえで子どもたちが探検したり潜り込んだりできる要素を織り交ぜます。（例：枝葉が密生し過ぎない生垣 / パーテーション、樹木の高さや間隔を考慮して配した林、のぞき窓付きのトンネル / プレイハウス）

■ **＜日差し・熱対策＞**長時間の日差しで高温になりやすい地表面材（例：ゴムチップ舗装）が用いられたエリアや、子どもが長く留まって遊ぶ場所（例：砂 / 水遊び場）には、日除けや緑陰を設けたり地面に遮熱塗装を施したりすることを検討します[※11]。また遊具やベンチが高温になるのを防ぐため、素材の選定や配置などにも留意します[※12]。

※7　自然豊かな環境でリラックスする時間は、子どもに付き添う大人たちにとっても大変有益です。

※8　「○○しないで」といった注意書きの理解が難しい子どももいます。あらかじめ設計段階で工夫し対処しておくことが危険行為の抑止に有効です。

※9　遊びにおけるリスクへの挑戦は、子どもの成長にとって大きな意義があります。安全第一の退屈な遊び場にならないよう注意します。

※10　聴覚障害のある子どもや親を含む多様な人が、安心して遊び場を利用できます。ただしすべてがあからさまに見える状態では、遊び場としての魅力を欠きやすい点で注意が必要です。

※11　体温調節が困難な子どもや光線過敏の子どもにとってとくに有益です。熱中症や紫外線の防止にもなり、夏場の遊び場利用も促進されます。

※12　子どもの皮膚は薄いうえ、熱い物に触れた際、瞬時に離れる動作ができなかったり、まひによる感覚障害で熱を感知できなかったりする子どもの場合、やけどを負う危険があります。

a: ブランコエリア。背もたれ付きシートと一般的なベルトシートが並んでおり、どちらも人気が高い。
b: 多彩な植物や昆虫、カメ、カモなどに出会える自然エリア。
c: 遊具エリアや砂場、休憩所など随所に日除け / シェードがある遊び場。真夏の日中も利用者が多い。

3-2
ブランコ

■ **<遊びのタイプ>**いろいろな揺れが体験できるよう、異なるタイプのブランコを提供します。(例：前後などの一方向に揺れるものと全方向に揺れるもの)

■ **<段階的選択肢>**多様な人が自分に合った遊び方や挑戦のレベル、サポートの度合いを選べるよう、段階的な選択肢を提供します。(例：平板型、バケット型、背もたれ付きブランコ[※1]、皿型ブランコ[※2]、立つ / 座る / 寝転ぶなどさまざまな姿勢で楽しめるもの)

■ **<インクルージョン>**障害のある子どもも利用しやすい背もたれ付きブランコは、一般的なブランコから離して設けるのではなく、多様な子どもが一緒に楽しめるよう並べて配置します。

■ **<進入事故の防止>**子どもが不用意に安全領域[※3]へ進入し、揺動中のブランコと衝突する事故を減らすため、配置や周囲の環境を工夫します。(例：ブランコエリアは遊び場の中央ではなく周辺部に配置する。地面の色や材質を変える。植栽 / フェンスなどでエリアへの進入口を限定する。境界柵を設ける[※4])

■ **<境界柵>**境界柵を設ける場合は、弱視や色覚障害の人も認識しやすいよう色使いに留意します。また全盲の人も足元で柵の存在を認知しやすくするための工夫を検討します[※5]。(例：短い間隔で縦柵を設ける。柵の最下部に横方向の帯板を設ける) 境界柵が連続または隣接する場合、通路には十分な幅員を確保します。

■ **<着座部>**ブランコからの転落や不注意などで着座部に衝突した際の衝撃を和らげるための工夫を検討します。(例：軽量の着座部を用いる。着座部やその縁をゴム素材とする)

■ **<チェーン部>**手で持つチェーンなどの部分 / 吊り部材は、子どもの指が挟まることがないよう、鎖の穴を小さくしたりロープ素材を用いたりします。

■ **<地面>**周囲の地面は平坦とし、十分な広さを確保します[※6]。地表面材は多様な人にとってアクセシブルで、転落時の衝撃吸収性を備えたものとします。(例：ゴムチップ舗装[※7])

※1　高い背もたれが付いたブランコは、体幹の支持が困難な人や座位が不安定な人にとって大変有益です。体がずり落ちやすい人のために、安全ベルトや安全バー付きのタイプもあります。

※2　皿型ブランコはバードネスト / 鳥の巣ブランコとも呼ばれ、座位を取ることが困難な子どもが仰向けやうつ伏せで乗ったり、大人が一緒に乗って子どもを支えたりできる点で有益です。

※3　遊具の安全な利用行動に必要とされる空間。利用者が遊具から転落したり飛び出したりした場合に到達すると想定される範囲を指す。

※4　境界柵は、柵の内側にいる子どもがいざというときに速やかに退避できないなど、かえって危険が生じる場合もあることに留意します。

※5　視覚障害のある子どもが手や足を前方に伸ばして安全を確認しながら歩く際、ちょうど腹部の高さにある横柵は気づきにくく、不意にぶつかる危険があります。

※6　遊具の周囲は、空いた車いすや歩行器、ベビーカーを置くスペースとしても使われます。

※7　土の地面に、着地面のくぼみを防ぐゴム製マット / タイルを敷く部分使用では、転落への備えにならないうえ、地面とマットの境界部分に生じる段差がアクセスの妨げとなりがちです。

■ **＜日差し・熱対策＞**とくに着座部が広いシート（例：背もたれ付きブランコ、皿型ブランコ）は、長時間の直射日光で座面が高温にならないよう、素材や色、配置に留意します。必要に応じて日除けを設けたり遮熱塗装をしたりする対策を検討します。

■ **＜車いすでの利用＞**車いすから容易に降りられない、または乗ったままでいたい人もブランコ遊びができるよう、車いす用ブランコ※8 の導入を検討します。その場合は、利用者を障害のある人に限定したり特別な遊具として孤立させたりするのではなく、可能な限りインクルーシブな環境を整えます。（例：一般のブランコエリアに隣接させる。安全のために柵で囲う場合は、植栽などの自然物と併用することで閉鎖的な印象を和らげる）

※8　とくに体に合わせた特殊な車いすに乗っていたり人工呼吸器を使用していたりする子どもや大人にとって、ブランコ遊びを体験できる貴重な手段です。海外では複数の車いす用ブランコが開発され普及しつつありますが、日本での導入事例はまだ少ないこともあり、管理者の常駐する遊び場への設置や使用法を解説した看板の掲示など、安全な利用のための丁寧な対策が勧められます。

a: 背もたれとフットレスト付き、ベルトシート、背もたれ付きと３種類のシートが並ぶブランコエリア。

b: 背もたれと座面にフック等を掛ける穴があり、体格に合わせた安全ベルトの装着が可能なブランコ。

c: 安全バータイプの背もたれ付きブランコ。バーを跳ね上げたまま乗ることもできる。

d: 皿型ブランコ。ロープを編んだネット状の座面は体にフィットしやすく、ずり落ちを防ぐ効果も。

e: 一方をこぐともう一方も揺れる仕掛けのブランコ。障害のある子どももときょうだいや友達が並んで一緒に楽しめる。

f: 車いす用ブランコ。スロープの着脱等に専用の鍵を用いるタイプ。鍵は公園事務所などで貸し出し。折り畳み式の座席もあり、車いすユーザー以外の人も乗れる。

3-3
振れ動く遊具

■ **＜遊びのタイプ＞**いろいろな揺れや動きが体験できるよう、異なるタイプの振動・上下動をする遊具を提供します。（例：シーソー、縦に弾むスプリング遊具、前後や左右に揺れ動くロッキング遊具 / ボルスタースイング / 揺れ木馬、ハンモック）

■ **＜段階的選択肢＞**多様な人が自分に合った遊び方や挑戦のレベル、サポートの度合いを選べるよう、段階的な選択肢を提供します。（例：グリップ / 背もたれ / ステップがあるものとないもの、立つ / 座る / 寝転ぶなどさまざまな姿勢で楽しめるもの）　また体の大きな人が乗ったり、大人が子どもを抱えて乗ったりできるよう、シートの幅や奥行が広い遊具も設けます。

■ **＜一人で・みんなで＞**一人で乗って揺れる遊具のほか、複数の子どもが一緒に、また協力して揺れや動きを楽しめる遊具を設けます。（例：前後 / 左右に数人が並んで乗れるシーソー）

■ **＜車いすでの利用＞**車いすから容易に降りられない、または乗ったままでいたい人も揺れや動きを体験できるよう、車いすで乗り込める遊具を設けることを検討します。

■ **＜地面＞**周囲の地面は平坦とし、十分な広さを確保します。地表面材は多様な人にとってアクセシブルで、転落時の衝撃吸収性を備えたものとします。

a: スプリングタイプのシーソー。従来型のシーソーと異なり、反対側に人がいない状態でも揺れを楽しめるため、子どもと親 / 付添者だけのときでも大人が子どものそばでサポートしながら遊べる。

3-3 振れ動く遊具

b: 幅が広く数人で並んで乗れるスプリングタイプのシーソー。シートは背もたれのある側とない側を選べるうえ、中央の台に立ったり寝転んだりして揺れを楽しむこともできる。

c: ジャングルがテーマの遊び場にある、川を下るいかだを模したスプリング遊具。両側の木箱は椅子や背もたれにもなる。

d: バイクを模したスプリング遊具。グリップやステップと高い背もたれが座位をサポートする。

e: 前後に 2 人が並んで乗れるボルスタースイングの一種。前に座った子どもを大人が支えやすいよう後ろのシートを低くしたデザイン。

f: 座位を取ることが難しい子どもも寝転んで揺れを楽しめるハンモック。

g: 車いすユーザーを含め大勢で乗り込み、船のような揺れを楽しめる遊具。シートに座った人や車いすユーザーがつかまって体を支えやすいよう、テーブルにはグリップ用の穴も。

3-4
回る遊具

■ **＜遊びのタイプ＞**いろいろな回転が体験できるよう、異なるタイプの回転遊具を提供します。（例：速く回るものとゆっくり回るもの、軸が垂直なものと傾いているもの）

■ **＜段階的選択肢＞**多様な人が自分に合った遊び方や挑戦のレベル、サポートの度合いを選べるよう、段階的に異なる遊具を提供します。（例：グリップ / 手すり / 背もたれがあるものとないもの、立つ / 座る / 寝転ぶなどさまざまな姿勢で楽しめるもの）

■ **＜一人で・みんなで＞**一人で乗って回転する遊具のほか、複数の子どもが一緒に、また協力して遊べる回転遊具を設けます。

■ **＜車いすでの利用＞**車いすから容易に降りられない、または乗ったままでいたい人も回転を体験できるよう、車いすで乗り込める回転遊具を設けることを検討します。

■ **＜地面＞**周囲の地面は平坦とし、十分な広さを確保します。地表面材は多様な人にとってアクセシブルで、転落時の衝撃吸収性を備えたものとします。

a: サドルの高さや軸の傾きが異なる複数の回転遊具。

3-4 回る遊具

b: 深い皿型の回転遊具。車いすからも比較的移乗しやすく、中に寝転んだり背もたれのあるシートに座ったりして回転を楽しめる。
c: 円錐形のネットクライマーを兼ねた回転遊具。ネットの側面には開口部があり、広い回転盤に多様な子どもが乗り込める。回転盤と地面の間に身体が挟まることを防ぐゴム製のスカート付き。
d: 手すりを持ち、立った姿勢で楽しむ回転遊具。
e: 車いすのまま乗り込める回転遊具。青いパネル扉を閉じると、回転中に車いすユーザーが外へ振り出されるのを防ぐガードになる。
f,g: 左右のバーを跳ね上げると車いすのまま乗り込める回転遊具。直感的かつ容易に利用できることもあり、さまざまな子どもに人気が高い。

3-5
バランス遊具

■ **＜遊びのタイプ＞**いろいろなバランス遊びが体験できるよう、異なるタイプのバランス遊具を提供します。（例：地面に描いた模様を辿るもの、平均台、連続する切り株状のステップ、ロープ渡り）

■ **＜段階的選択肢＞**多様な人が自分に合った遊び方や挑戦のレベル、サポートの度合いを選べるよう、段階的に異なる遊具を提供します。（例：手すりがあるものとないもの、高さが異なる平均台、歩行面が広いものと狭いもの、まっすぐな平均台とカーブした平均台、歩行面 / 座面が傾いたり動いたりするもの、ステップの間隔や高さが均等なものと変化に富むもの、歩く / 飛び移る / 立つ / 座るなどさまざまな姿勢や動きで楽しめるもの）

■ **＜色使い＞**平均台やステップなどの歩行面は、弱視や色覚障害の人も認識しやすい色使いに留意します。（例：地面と比べて目立つ色を用いる）

■ **＜地面＞**周囲の地面は平坦とし、十分な広さを確保します。地表面材は多様な人にとってアクセシブルで、転落時の衝撃吸収性を備えたものとします。

a: 大きな擬岩をつなぎ複合遊具のデッキへと接続するロープ渡りのルート。ロープと地面の色に差があるとなおよい。

3-5 バランス遊具

b: 曲線的で高さが異なり、歩行面に凹凸もあるバランス遊具。　c: 点在する擬岩や擬木を渡り歩くルート。

d: 複合遊具のスロープと平行するバランス遊びルート。　e: 揺れ動く吊り橋状のステップ。両側に手すり付き。

f: 下の 2 か所にスプリングが付いたひょうたん型のボード。より高いものもあり、大人と子どもが向き合って座り、揺れるボード上で体幹のバランスを取る遊びも。　g: ケンケンパや石蹴り遊びができる地面の模様。

h: 傾斜した輪が回転する遊具。1 人で、またはみんなで輪の上をバランスを取って歩いたり、座った状態で輪から振り落とされないよう体の重心を調整したりする挑戦の機会がある。

i: 自然エリアに置かれた大木。平均台にもベンチにもなる。

3-6
滑り台

■ **<遊びのタイプ>**いろいろな滑り方が体験できるよう、異なるタイプの滑り台を提供します。(例:滑降部が直線のものとカーブしたもの、チューブ式、ローラー式、丘の斜面に沿って設置したもの、二連の滑り台[※1])

■ **<段階的選択肢>**多様な人が自分に合った遊び方や挑戦のレベル、サポートの度合いを選べるよう、段階的な選択肢を提供します。(例:高さが異なる滑り台、子どもが姿勢を維持しやすいよう側壁が高い滑り台、大人が子どもを抱えて滑れるよう幅の広い滑り台[※2])

■ **<アクセス>**誰もが滑り台の上へ到達できるよう、地面から滑り台の出発部にかけてアクセシブルなものを含む複数のルートを設けます[※3]。(例:スロープ / 坂道、階段、はしご、這って登る斜面、ネットクライマー、ウォールクライマー)

■ **<素材>**静電気の影響を受けにくいよう、滑降部が金属製の滑り台を含むことを検討します[※4]。その場合は、長時間の日差しで滑降部が高温になるのを防ぐため、配置や環境に留意します。(例:北向き / 東向きに設置する。緑陰 / 日除けを活用する)

■ **<見通し>**滑り降りた先で他の人と衝突する危険を減らすため、滑り台の出発部からは、下の降り口周辺がよく見通せる状態とします[※5]。

■ **<ガイドバー>**出発部に、座って滑ることを促すガイドバーを設ける場合は、弱視や色覚障害の子どもも認識しやすい色にしたり、誤ってぶつかってもけがをしにくい素材やデザインにしたりします。

※1　二連の滑り台は、友だちと並んで滑る楽しさがあるほか、出発部で座位を整えたり滑る決心をしたりするのに時間を要する子どもや、降り口からすぐに立ち上がったり車いすに移乗したりすることが難しい子どもがいる場合に、他の子どもがもう一方の滑り台を利用できる点でも有益です。

※2　大人と子どもが一緒に滑った場合、勢いがつき過ぎて降り口で転倒するケースがあります。滑降部の傾斜や減速部の長さに留意します。

※3　ルートに選択肢があることで、多様な子どもがそれぞれのペースで登ることができます。

※4　従来、人工内耳を装用する子どもは静電気放電が装置に不具合をもたらす可能性からプラスチック製滑り台の利用を避けるケースもありましたが、近年は耳掛け型の体外装置の普及などによりリスクが下がっています。ただし慎重を期する人や静電気が苦手な人などにとって金属製の滑り台は選択肢となり得ます。

※5　チューブ式滑り台の場合、降り口部分まで屋根に覆われていると出発部から安全が確認しにくいうえ、地面からチューブの屋根によじ登る行為が誘発されがちです。

3-6 滑り台

a: 築山の斜面を利用した滑り台。滑り台の上へは、正面のゴムチップ舗装の斜面や岩場をよじ登る他、築山を回り込む左のスロープルートと右の階段ルートからも行くことができる。

b: 築山に設けられた幅広の滑り台。この背後には築山の頂上に架かる橋があり、アクセシブルな外周園路とつながっている。

c: 複合遊具のデッキに設けられたプラスチック製の滑り台（左）と金属製の滑り台（右）。

d: 背後にあるアクセシブルなスロープルートにより、誰もが高さ 3 メートルのデッキから滑り台を楽しめる複合遊具。

3-6 滑り台

■ **<プラットフォーム>**車いすユーザーなどがスムーズに滑り台へ乗り移れるよう、出発部の手前に床より高い移乗用プラットフォームを設けることを検討します※6。プラットフォームは多様な利用者が自分で、あるいは付添者がサポートをしながら体の向きを変えたり座位を整えたりできるよう、十分な広さを確保します。またデッキ上に空いた車いすや歩行器が残された状態でも、他の子どもが続けて滑れるよう工夫します。(例:プラットフォームへは車いすなどからの移乗ポイントに加え、階段ルートも設ける。デッキのスペースを広く取る)

※6　車いすや歩行器から直接床へ下りるよりも移乗が容易なうえ、デッキからの不意の転落を防ぐ段差としても機能します。アメリカではプラットフォームの高さは 280 ~ 455mm が一般的です。

■ **<地面>**降り口周辺の地面は平坦とし、十分な広さを確保します。地表面材は多様な人にとってアクセシブルで、転落時の衝撃吸収性を備えたものとします。(例：ゴムチップ舗装※7)

※7　土の地面に、着地面のくぼみを防ぐゴム製マット / タイルを敷く部分使用では、転落への備えにならないうえ、地面とマットの境界部分に生じる段差がアクセスの妨げとなりがちです。

■ **<循環ルート>**多様な子どもが滑り台を繰り返し楽しみやすいよう、滑り台の降り口からスロープなどの上り口、さらに滑り台の出発部へと円滑につながる循環ルートを構成します。移動で子どもの体力が過度に消耗されることがないよう、循環ルートの距離や勾配に留意します。

■ **<ショートカット>**滑り台の降り口からデッキ上の出発部付近へショートカットできるよう、アクセシブルな階段※8 ルートを設けることを検討します。ただしデッキからの不意の転落につながらないよう、階段口の位置やデザインに留意します※9。

※8　車いすユーザーもこれに乗り移って自力で上ることを想定した、移乗用プラットフォーム、握り部、手すりなどのある階段（「3-7 登り遊具」参照）。このルートは障害のある子どもが一人で、あるいは介助者と一緒に滑り台の上へ戻る際の近道となるほか、出発部に残った車いすなどを大人が運び下ろして降り口の子どもに届けるルートとしても有益です。

※9　滑り台の出発部に隣接して階段などの広い開口部を設けると、プラットフォームへ接近しようとデッキで車いすを切り返す動作をしている人や、滑り台への移乗を介助している人が誤って開口部から転落する危険があります。

■ **<座る場所>**滑り台の降り口からほど近い場所に、座れる場所を設けることを検討します※10。(例：背付きベンチ)

※10　滑り台で遊ぶ子どもを大人が座って見守れるほか、車いすや歩行器を使う子どもが滑り台を滑った後、付添者にデッキ上から空いた車いすなどを運んでもらう間、ここに座って待つこともできます。

3-6 滑り台

e: ローラー滑り台(中央)と二連の滑り台(左奥)。いずれも移乗用プラットフォームがあるため、滑り台の出発部はデッキの床より高い位置。

f: 移乗用プラットフォーム。車いすからの移乗ポイント(正面)に加え、小さな子どもも上りやすい階段ルート(左)がある。

g: 数種類の滑り台や登り遊具にアクセスできるデッキ。プラットフォームの手前には十分なスペースがあり、空いた車いすなどが置かれていても支障がない。

h: 築山の頂上にあるプラットフォーム。2本の滑り台にアクセスできるよう、左は車いすからの移乗ポイントで、右は手すり付きの階段。

i: 土地の高低差を利用し二連の滑り台を設けた斜面。でこぼこの坂や不規則な階段など変化に富んだ登り方ができ、他にスロープルートや手すり付き階段もある。

j: 三連の滑り台の左にはデッキ上へショートカットできるアクセシブルな階段。さらに左にはスロープの上り口がある。

3-7
登り遊具

■ **＜遊びのタイプ＞**いろいろな登り方が体験できるよう、異なるタイプの登り遊具を提供します。（例：はしご、アーチクライマー、ネットクライマー、ロープクライマー、ウォールクライマー、滑り棒）

■ **＜段階的選択肢＞**多様な人が自分に合った遊び方や挑戦のレベル、サポートの度合いを選べるよう、段階的な選択肢を提供します。（例：高いものと低いもの、傾斜が急なものと緩やかなもの、手すりがあるものとないもの、手や足を掛ける部分 / 桟 / 踏み板の大小、登るルートが明快なものと自分で考えて決めるもの）

■ **＜階段＞**とくに障害のある子どもの利用が見込まれる階段（例：滑り台の降り口から出発部へショートカットする階段）は、移乗用プラットフォームと握り部、手すりの付いたアクセシブルな階段とするなど、安全で上りやすいデザイン※1に留意します。

■ **＜安全＞**とくに落下高さが大きい登り遊具では、転落によるけがを防ぐ工夫をします。（例：鉄パイプを組んだジャングルジムの代わりにロープ素材を用いる。ネットクライマー / ウォールクライマーは垂直ではなく傾斜させる。大型のロープクライマーは内部にも密にロープを張り巡らせる）

■ **＜地面＞**周囲の地面は平坦とし、十分な広さを確保します。地表面材は多様な人にとってアクセシブルで、転落時の衝撃吸収性を備えたものとします。

■ **＜インクルージョン＞**ネットクライマーやジャングルジムなどは、登頂することが困難な子どもも、他の子どもと同じ空間に身を置いて遊びに参加しやすいよう工夫します。（例：ネットクライマーの内側に、車いすや歩行器のままアクセスできる空間を設ける。ロープクライマーの低い位置に、座ったり寝転んだりできるレストポイントを設ける。隣にアクセシブルな複合遊具を設け、ネットクライマーの頂上と同等の高さのデッキに到達できるようにする）

※1 「障害を持つアメリカ人法 /ADA」による遊び場のアクセシビリティ基準では、車いすユーザーなどが乗り移って利用する移乗階段の各段は幅610㎜以上、奥行き355㎜以上、蹴上げ205㎜以下とされています。歩行は可能ながら下肢にまひのある子どもにとっては、スケルトン階段よりも、蹴込み板付きで段鼻の突き出しのない階段の方が、足先を蹴込み板に沿わせてスムーズに引き上げながら登れる点で有益です。また段鼻の色を変えるなどの工夫があると、弱視の人も段を見極めやすくなります。

3-7 登り遊具

a: 足掛かりとチェーンを頼りに登る急傾斜。

b: ひねりを加え難易度の幅を広げたネットクライマー。両端の水平に近いネット部分では寝転んで楽しむこともできる。

c: 2段手すりと蹴込み板付きのアクセシブルな階段。最下段のプラットフォームへは車いすユーザーが左から、小さな子どもは右の階段からアクセスしやすい。

d: 板型のアーチクライマー。はしご状で間隔が広いものと比べると、安定した姿勢で体を預けられるため、腕の力だけで登れる子どもも。

e: 緩やかな傾斜でトンネル状のウォールクライマー。車いすユーザーの中には、トンネルの出入り口側から直接上によじ登れる子どもも。頂上には仲間とくつろぐこともできる平らなスペースがある。

f: 内部にロープが張り巡らされたロープクライマー。所々に黒いゴム製シートを張ったレストポイントがある。

g: 築山の一角に設けられたネットクライマー。ネットの下部には開口部があり、車いすユーザーも内側のスペースへ入れる。内側の壁面にはウォールクライマーも設置。

h: 複合遊具のデッキに接続する巨大な擬岩。どこから登るかによって難易度が異なる。

3-8
複合遊具

■ **＜遊びのタイプ＞**いろいろな遊びが体験できるよう、タイプの異なる遊び要素を提供します。（例：登り遊具、滑り台、バランス遊具、プレイパネル）　ただし、あまりに巨大で複雑な遊具にすることは避けます[※1]。

■ **＜段階的選択肢＞**多様な人が自分に合った遊び方や挑戦のレベル、サポートの度合いを選べるよう、段階的に異なる遊び要素を提供します。（例：デッキの昇降手段として、はしご / クライマー / 滑り棒 / スロープ / アクセシブルな階段[※2]などを設ける。デッキ間の移動手段として、丸太ステップ / 雲梯 / アクセシブルな吊り橋[※3]などを設ける。各デッキやその下に、プレイパネル / 望遠鏡 / 伝声管 / ごっこ遊びコーナーなどのインクルーシブな遊び要素を設ける）

■ **＜アクセス＞**誰もが複合遊具のもっとも高いデッキへ到達できるよう、地面から頂上まで切れ目なくつながるアクセシブルルートを確保します。（例：すべてのデッキをスロープでつなげる。土地の高低差を利用し、丘などの園路から複合遊具の上階デッキへとつながる橋を架ける）　アクセシブルルートは、移動で子どもの体力が過度に消耗されることがないよう、距離や勾配、デッキの高さに留意します[※4]。

■ **＜床＞**複合遊具の床は砂や水が溜まりにくく、ささくれなどが生じにくいものとします[※5]。（例：金属製で細かい孔開き / メッシュ状のもの）

■ **＜スロープ＞**複合遊具上の各スロープ / 斜路は直線とし[※6]、車いすや歩行器を利用する子どもが無理なく通行できる幅や勾配、長さとします[※7]。複数のスロープを踊り場 / デッキなどの水平面を挟んでつなぐ場合は、直線状につなぎ続けた長いルートを構成する[※8]よりも、間の水平面で向きを変えたり位置をずらしたりしながらつなぐことが望まれます。

※1　視覚障害や発達障害、知的障害などのある子どもにとって全体像の把握が困難だったり、煩雑で遊びにくかったりする場合があります。

※2　車いすユーザーの中にはこの階段を使えない、または使わない子どもも多いため、利用者が選択できるようスロープルートも併せて設けることが基本です。

※3　吊り橋のたるみが深いと車いすユーザーが自力で橋から抜け出せない場合がある点に留意します。また床板の隙間で子どもが指を挟む危険がないよう、板の形状と間隔に留意します。

※4　あまりに巨大な複合遊具は、移動で疲れてしまい十分に遊べなかったり、頂上の遠さに圧倒されて初めから登るのを諦めたりすることにつながりがちです。またスロープで幼児が不適切な高さまで到達する危険もあるため、遊具をことさら高くするよりも遊びの質を充実させていくことが有益です。

※5　床に手や膝をついて移動する子どもにとってとくに有益です。床面の孔 / 網目は子どもの指先が入り込まないよう直径8mm 以下とします。

※6　車いすで坂を曲がりながら上る / 下りる動作は、とくに幅が限られた通路の場合、容易ではありません。

※7　ADA の基準では、複合遊具などの高架上のスロープは幅915㎜以上、縦断勾配8％以下、各スロープの高低差（垂直距離）305㎜以下とされています。

※8　一直線に続く長いスロープルートは、車いすで下る際に加速してしまい制御を失ったり他者との衝突の危険が高まったりしがちです。

3-8 複合遊具

a: 林を見渡す左の展望デッキに誰もが到達できる複合遊具。土地の高低差を利用しており、右端にあるスロープ出入り口は公園の駐車場からほぼフラットでアクセスできる。各デッキにさまざまな昇降手段があり、スロープの下には雲梯などの遊具も。

b: 土地の高低差を利用し、遊び場を回り込む外周園路から複合遊具の上階デッキへ通じるアクセシブルルートを設けた例。

c: 多彩な遊び要素を配したコテージ風の建物。正面の階段に加え、左にはスロープルートがあり、デッキの下も遊びのスペース。

d: 複合遊具の各デッキをジグザグにつなぐスロープルート。

e: スロープ（左）に並行して設けられた、ステップやネット遊具を渡るルート。

3-8 複合遊具

■ **＜脱輪などの防止＞**スロープの両側には手すりを設け、車いすの前輪やクラッチ / 杖の先が床面の脇から外側へ脱落するのを防ぐ工夫をします。(例：床の両脇に立ち上がり部を設ける。床面を手すりの外側まで張り出させる。床と手すり下の横木との隙間を狭くする)

■ **＜デッキのスペース＞**複合遊具のデッキは、車いすユーザーなどが容易に方向転換をしたりすれ違ったりできるよう、十分な広さを確保します※9。またデッキ上のプレイパネルなどで子どもが遊んでいる場合にも、通行者が無理なく安全に通過できるよう、遊び要素の配置やスペースに留意します。

※9 一般に、1500mm 四方のスペースがあれば手動の車いすで 360 度回転でき、1800㎜四方のスペースがあれば電動車いすで 360 度回転したり、2 台の車いすがすれ違ったりできます。またデッキのスペースは、スロープを下ってきた車いすユーザーがスピードを緩めて安全に止まるためにも必要です。

■ **＜開口部＞**デッキから滑り台や登攀（とうはん）遊具、階段などに通じる開口部は、車いすユーザーや視覚障害のある子どもを含む多様な利用者がここから不意に転落することのないよう、配置やデザインに十分留意します。(例：スロープを下った正面に階段などの開口部を設けない※10。車いす / ベビーカーが誤って通過することがないよう、開口部の幅を狭くしたり床を一段高くしたりする。開口部へは、通行者が「曲がる」「ゲートをくぐる」などの意図的な動作を経てアクセスできるデザインとする)

※10 下りスロープの先に階段やネットクライマーなどの広い開口部があると、車いすユーザーがデッキ上で止まりきれなかった場合にそこから転落したり、下から階段やネットを登ってきた他の子どもと正面衝突したりする危険があります。

■ **＜見通し＞**複合遊具は、基本的に見通しのきくデザインとします※11。(例：通路やデッキの側面は、壁ではなく柵にする。とくに通路の交差点やスロープの出入り口は、周囲の人の動きが視認しやすい状態とする) さらに大型の複合遊具は、遊び場全体の見通しも考慮し、配置を工夫します。(例：遊具自体によって視界が遮られる範囲を減らすため、遊び場の中央ではなく周辺部に設置する)

※11 見通しが良いことで多様な子どもによる衝突の危険が減るほか、聴覚障害のある子どもも離れた人と手話などでコミュニケーションが取りやすくなります。また、大人が距離を置いて見守りができるため、子どもの自立した遊びを促す点でも有益です。

■ **＜地面＞**周囲の地面は平坦とし、十分な広さを確保します※12。地表面材は多様な人にとってアクセシブルで、転落時の衝撃吸収性を備えたものとします。

※12 とくにスロープの出入り口周辺は、下ってきた車いすユーザーと他の子どもがぶつかる事故を防ぐため、動線の交錯を避けスペースにもゆとりを持たせます。

f: 高さが同じデッキの間で、通路をカーブさせルートに変化をつけた例。他にアクセシブルな太鼓橋や吊り橋を設けた箇所も。

g: 間に水平なデッキを挟み 2 本のスロープ / 斜路を直線的につないだルート。スロープを下った先は滑り台の開口部だが、プラットフォームがあるため転落の危険はない。床の両脇には立ち上がり部。

h: 2 台の車いすが容易にすれ違える幅広のスロープ。床は金属製で細かい孔開き。

i: 右の通路から左の滑り台にアクセスするにはプラットフォームに上がる動作が、またサボテン型の登攀遊具にアクセスするには向きを変えて近づき幅の狭い開口部を通り抜ける意図的な動作が必要。

j: ネットクライマーの開口部の柵は車いすなどが通り抜けない幅。自然な雰囲気の木製遊具になじむよう、スロープやデッキの柵はあえて歪みのあるデザイン。

3-9
砂遊び

■ **＜アクセス＞**誰もが砂に触れて楽しめるよう、高さやデザインを工夫したアクセシブルな砂遊び場を提供します[※1]。（例：レイズド砂場[※2]、サンドテーブル[※3]、砂場のプレイデッキ[※4]）

■ **＜インクルージョン＞**サンドテーブルは、地面の砂場から離して設けるのではなく隣接させます。サンドテーブルや砂場のプレイデッキは、多様な子どもが友だちや付添者と並んで遊びやすいよう十分なスペースを確保したりデザインを工夫したりします。

■ **＜仕掛け＞**砂を媒体として多彩な遊びを展開したり友だちと関わったりできるよう、仕掛けや小道具を提供します。（例：車いすからもアームを操作できるショベル遊具、下の砂場からサンドテーブルへ砂を運び上げる滑車／釣瓶、砂を溜められる容器、砂を流し落とす穴／樋、砂場の底に埋められた化石のプレート[※5]、スコップ／バケツ）

■ **＜枠＞**地面の砂場の周りを枠／縁で囲う場合、工夫を加えて利便性を高めることを検討します。（例：車いすから降りて砂場内に入りやすいよう、いったん腰かける場所や手すりなどのある移乗用ポイントを設ける。砂場内の子どもが枠を背もたれとして使えるよう高くする。子どもを見守る大人が腰掛けやすいよう幅や高さを考慮する。砂場の外に出た砂を容易に掃き戻せるよう切り下げ箇所を設ける）

■ **＜砂場柵＞**動物の進入を防ぐために砂場の外周を砂場柵／フェンスで囲う場合、車いすや歩行器のユーザーなども利用しやすいようアクセシビリティに留意します。（例：砂場の枠／縁と柵との間に十分な幅を確保する。扉の開閉がしやすいよう周辺は広く平坦な地面とする）

■ **＜日除け＞**体温調節が困難な子どもも砂遊び場を利用しやすいよう、シェードなどで日陰を提供することを検討します[※6]。

■ **＜維持管理＞**砂場の安全やアクセシビリティの確保のため、丁寧な維持管理に努めます[※7]。（例：ガラスなどの危険物を除去する。外に出た砂を砂場内に戻す。減った砂を補充する）

※1　一般的な砂場の場合、車いすユーザーは砂に触れないため地面に下りなければなりません。砂が高い位置にあると車いすのまま遊びやすいほか、感覚過敏で砂場に足を踏み入れることが苦手な子どもにとっても有益です。

※2　地面より数十 cm 高くした砂場。土地の高低差を利用したり段々畑状に構成したりする例や、最上段の側面に車いすで利用しやすいよう蹴込みのあるアクセスポイントを設ける例もあります。砂場に上がった子どもと車いすユーザーが一緒に遊べる利点がある一方で、上段の子どもがアクセスポイントから誤って転落する可能性もあることに留意します。

※3　広く浅い容器をテーブル状に設置し砂を入れたもの。車いすユーザーや立った姿勢の子どもが周りからアクセスし、並んで遊ぶことができます。

※4　砂場の中にアクセシブルなプレイデッキを設け、デッキの周囲に砂を使ったさまざまな遊びの仕掛けを配したもの。多様な子どもにとって砂遊びの拠点となり交流が生まれやすい点で有益です。

※5　視覚障害のある子どもを含む多様な子どもたちが、協力して砂の下から掘り出す楽しみがあります。

※6　砂の衛生管理のため、砂場の全面を覆うなど一日中日光が当たらない状態にすることは避けるよう留意します。

※7　周辺の地面が大量の砂で覆われると、車いすなどでのアクセスが困難になります。またレイズド砂場内の砂が減ると車いすから手が届きにくくなります。

3-9 砂遊び

a: 左から金属製のサンドテーブル、一段高いレイズド砂場、地面の砂場を連続して設けた砂遊びエリア。
b: 車いす / 歩行器のユーザーや視覚障害のある子どもが通路から不意に砂場へ落ち込む危険を防ぐため、縁に大小の丸い岩を並べて配置。枠で囲う場合と違って通路側に出た砂も掃き戻しやすい。右奥のショベル遊具は通路から車いすユーザーも操作が可能。
c: 園路からアクセスできる砂場のプレイデッキ。多彩な砂遊びの仕掛けや日除けにより、子どもたちが自然と集まる。
d: 砂場のプレイデッキには砂遊びの仕掛けのほか、砂場とデッキの行き来や砂のやり取りがしやすいよう出入り口や小窓、テーブルも。
e: 砂場に埋められた化石のプレート。
f: 土地の高低差を利用したレイズド砂場。右が車いすユーザーのアクセスポイントだが、撮影時は砂が少なく手が届きにくい状態。
g: 手前からターンテーブル、水が出る蛇口、砂車などの仕掛けがある砂遊びテーブル。奥の箱は砂のサイロで、下部の穴から必要な量だけ砂を取り出して遊べる。子どもが自分に合った高さで利用できるよう、やや低い砂遊びテーブルもある。

3-10
水遊び

■ **<アクセス>**誰もが水に触れて楽しめるよう、高さやデザインを工夫したアクセシブルな水遊び場を提供します。（例：レイズド水路、水遊びテーブル、かけひ、噴水※1）　水栓は、多様な人が容易に操作できるものとします。（例：レバー式 / ボタン式の水栓、手押しポンプ※2）

■ **<水路>**地面に子どもが入って遊べる水路を設ける場合、車いすや歩行器のまま進入できる浅瀬※3 や、水路をまたぐアクセシブルな橋を加えることを検討します。

■ **<仕掛け>**水を媒体として多彩な遊びを展開したり友だちと関わったりできるよう、仕掛けや小道具を提供します※4。（例：流れを変えたり堰き止めたりできる仕掛け、水を溜められるシンク、水を流す樋、水車、バケツ / ジョウロ、ボタンを押すと霧が噴き出す仕掛け）

■ **<地面>**周囲の地面は平坦とし（水勾配を除く）、十分な広さを確保します。地表面材は多様な人にとってアクセシブルで、濡れても滑りにくいものとします。子どもが上がる可能性のある水遊びテーブルの周囲は、転落時の衝撃吸収性を備えたものとします。

■ **<節水>**節水のため、水栓は一定時間で水が自動的に止まる方式にしたり、噴水 / 水路は水を循環させたりすることを検討します。

■ **<座る場所>**水遊び場の近くに、休憩や見守りがしやすいベンチ / 広い縁台※5 を設けることを検討します。

■ **<維持管理>**排水部分は木の葉や砂などが詰まりにくく、また容易に取り除ける構造とします。水質に注意しコケを除去するなど丁寧な維持管理に努めます。

※1　噴水の水音は、視覚障害のある人にとって位置や方向を知るためのサインにもなり得ます。

※2　とくに災害時に避難地となる公園の場合、防災井戸として地下水を利用した手押しポンプがあると有益です。

※3　視覚障害のある人が水路に気づかず踏み込んでしまうことがないよう留意します。（例：周辺の地表面材を変え注意喚起を図る。水音が聞こえる状態とする）

※4　いろいろな手段で水に触れられることで、車いすの座位保持クッションや電動車いすの電気系統、人工呼吸器などの医療機器を濡らすことができない子どもも遊びに参加しやすくなります。

※5　広い縁台は、疲れた子どもが横になって休めるほか、タオルや着替えなどで荷物が多い人もゆったりと利用することができます。日除けがあるとなお有益です。

3-10 水遊び

a: カーブした水路やくぼみがある水遊びテーブル。子どもが上にあがって遊ぶこともあるため、地面は衝撃吸収性の高いゴムチップ舗装。

b: 地元の氷河を表現した水遊びテーブル。奥の手押しポンプで出した水を途中で堰き止めたり流し落としたりして遊べる。

c: 子どもが入って遊べる水路。手前から、車いすユーザーも渡れる木製の橋、川底に丸石が並ぶ場所、四角い岩を渡る場所、車いすやベビーカーも入れる浅瀬など変化に富む。

d: 手押しポンプとかけひのある水遊び場。二手に分かれる分岐点には水の流れを変える仕掛けがあり、四角い水槽では泥遊びなどもできる。

e: 多彩な仕掛けを設けた水遊び場の例。

f: 柱のボタンを押して出した水を、溜めたり流し落としたりして楽しめる水遊びテーブル。

3-11
もっと自然遊び!

■ **＜多彩な自然要素＞**子どもが自然に親しみながら多くの発見をしたり創造的な遊びを展開したりできるよう、さまざまな自然要素を提供します[※1]。(例：土、水、岩、常緑樹と落葉樹、高木と低木、季節により異なる表情を見せる植物、多彩な色や形の花 / 葉 / 樹皮 / 実をもたらす植物)

※1　豊かな自然環境での遊び活動は、子どものストレス低減や免疫力の向上などのほか、発達障害の一つであるADHD/注意欠如・多動症の症状の緩和にも有効とされています。

■ **＜アクセス＞**誰もが自然に触れて観察したり、遊びの小道具として活用したりできるようアクセシブルな自然環境を提供します。(例：レイズド花壇、アクセシブルな林 / 草の丘 / ビオトープ[※2]、植栽の間を抜ける小道、組んだ枝から葉が垂れ下がるトンネル)

※2　危険性の認知が困難な子どももいます。水の事故を防ぐため、深い川や池を設けることは避けます。

■ **＜感じる自然＞**多様な人がいろいろな感覚を使って自然を楽しめるよう、感覚的特性を活かした環境づくりをします[※3]。(例：風にそよぐ葉の音やせせらぎの音を楽しめるスポット、鮮やかな色や特徴的な香りの花が咲く花壇、ウッドチップ / 芝 / 土など感触が異なる地表面材の使い分け)

※3　自然物による音や香りなどの感覚情報は、視覚障害のある人にとって道案内のサインにもなり得ます。ただし、あまりに多用すると過剰な感覚刺激となったり混乱の元となったりする点に留意します。

■ **＜日除け・風除け＞**誰もが季節や天候に応じて快適に遊び場を利用できるよう、自然を生かした環境づくりを検討します[※4]。(例：落葉樹と常緑樹の効果的配置、つる性植物を這わせたパーゴラの設置)

※4　とくに体温調節が困難な子どもにとって、夏には風通しの良い緑陰で、また冬には風が吹きつけず暖かい日差しの下で過ごせる場所があると有益です。

■ **＜環境保護＞**在来の植物や昆虫 / 鳥などの生物が生息しやすい環境づくりに留意します。また人々の自然環境への意識や関心を高め、公園自体の環境サスティナビリティも向上させるよう努めます。(例：樹木 / 草花の名前を記したプレートを掲示する。鳥の巣箱を設置する。多様な子どもを対象に自然観察会を開く。太陽光 / 雨水 / 落ち葉堆肥 / 天然素材 / リサイクル素材などを積極的に活用する)

■ **＜安全＞**不意に触るとけがをする可能性のある鋭いとげ / 葉を持つ植物や毒性のある植物、花粉症などアレルギーの元となる植物の利用は避けます。安易な殺虫剤や除草剤の使用は控えます。

3-11 もっと自然遊び！

a,b: 遊具エリアに隣接するアクセシブルな林。車いすユーザーを含む多様な子どもが賑やかな遊び場から離れてひと息ついたり自由に探検したりできる場所。地面に設置されているのはタイヤを利用した遊具で、上で飛び跳ねると音がする。

c: 遊びの小道具にもなる木の実。

d: さまざまな高さに色とりどりの花が咲く庭。

e: 組んだ竹の支柱にネットを張り、つる性植物を這わせたスポット。出入り口や内部は車いすや歩行器のまま入れる広さ。

f: 小道の途中に並ぶアーチ状の支柱。子どもや車いすユーザーが通れる高さと幅で、植物の成長に合わせて枝を誘引すると緑のトンネルに。

g: 在来の植物や生物の保護、雨水の活用など自然に配慮した遊び場であることを紹介する案内板。

h: 林の中へ延びるアクセシブルな空中回廊の出入り口。傍の大木の幹には鳥の巣箱が掛けられている。

3-12
もっと粗大運動を伴う遊び!

■ **<遊びのタイプ>**這う、歩く、走る、車いすなどをこぐ、跳ぶ、くぐる、ぶら下がる、しがみつくなどいろいろなタイプの粗大運動[※1]と協調運動を伴う遊びの機会を提供します。(例：築山、芝滑りができる斜面、トンネル、雲梯(うんてい)、ターザンロープ、トランポリン、空気膜構造遊具[※2])

※1　胴体や手足など身体を大きく使った移動や姿勢に関する動き。

※2　空気で膨らませたドーム状の膜の上で飛び跳ねて遊ぶ遊具。

■ **<段階的選択肢>**多様な人が自分に合った遊び方や挑戦のレベル、サポートの度合いを選べるよう、段階的に異なる遊びを提供します[※3]。(例:高さの異なる鉄棒、はしご状と吊り輪状の雲梯、場所によって傾斜が異なりさまざまな登り方ができる築山)

※3　きょうだいや異年齢の子どもが共に楽しめる遊び場にするため、比較的高い運動能力を要する遊びも含むことが有益です。

■ **<走り回る遊び>**多様な人が散策したり走り回ったりして楽しめるよう、アクセシブルな主要ルートと多彩なサブルート[※4]、また駆け回れる遊びエリアを設けます。(例：緩やかな起伏のある小道、迷路、スラロームコース、車いす / 三輪車で通ると音や振動がするよう刻み / 凹凸をつけた路面、植物が生い茂る小道、アーチ / トンネルをくぐり抜けるルート、町や道路を模した遊びエリア)

※4　「4-4 園路」参照。

■ **<ボール遊び>**簡単なボール遊びのエリアを設けることを検討します。エリア内はアクセシブルな地表面とし、多様な子どもが一人でも複数でも楽しめる遊び要素を設けます。(例：ボールを投げ入れて遊ぶゴール、壁に描かれた的を狙ってボールを投げたり蹴ったりして遊ぶボールウォール)

■ **<スポーツの機会>**遊び場の隣に、スポーツ用のグランドやコートを設けることを検討します[※5]。(例：キャッチボールなどが可能な球技スペース、高さ調節機能付きゴールを備えたバスケットボールコート、テニスコート、フットサルコート、スケートパーク、ペタンク / ボッチャコート)　またウォーキング / ジョギングをする人や車いす / 自転車で走る人のために、公園の園路とは別にランニングコースやサイクリングコースを設けることを検討します[※6]。

※5　若者や大人を含む地域のさまざまな人が集える公園になるほか、子どもたちがパラスポーツ / 障害者スポーツを含むいろいろな競技に興味を持ち参加するきっかけになり得る点でも有益です。

※6　車いすで安全かつ快適に走れる場所があることで、障害のある人も日常的に健康づくりやスポーツのトレーニングに取り組みやすくなります。

3-12 もっと粗大運動を伴う遊び！

a: 2 本のレールに掛かるグリップにぶら下がり、スライドさせながら進む遊具。
b: 一般的な台座とシートの 2 つが並ぶターザンロープ。シートは高い背もたれと安全ベルト付きでさまざまな子どもに人気が高い。
c: 空気膜構造遊具。縁に立ち上がりがあるタイプで車いすから移乗しやすいうえ、寝転んだ状態でも地面に転がり落ちにくい。
d: 中央にゴールがある円形コート。ゴールに入ったボールは 3 方向に排出される。
e: 的に点数が書かれたボールウォール。
f: 車いす、三輪車、自転車、キックボードなどで走り回れるエリア。道路や店、ガソリンスタンドなど町を模した遊び要素も。
g: 揺れを楽しみながら渡れるアクセシブルな吊り橋。子どもやベビーカーの親子連れなどさまざまな人が好んで通るルート。

3-13
もっと微細運動を伴う遊び!

■ **<遊びのタイプ>**つかむ、押す、引っ張る、回す、つまむ、組み立てるなどいろいろなタイプの微細運動[※1]と協調運動を伴う遊びの機会を提供します。(例：叩いたり揺らしたりして音を鳴らす遊具 / 楽器、大きな算盤玉や回転パネル付きの遊具、指でなぞったりパーツを移動させたりする迷路パネル、車のハンドル / 船の舵 / 滑車 / 歯車を操作する仕掛け)

※1　腕や手などを使って物を操作するなどの細やかな動き。

■ **<段階的選択肢>**多様な人が自分に合った遊び方や挑戦のレベルを選べるよう、段階的に異なる遊び要素を提供します。(例：操作するパーツ / ボタンの大小、腕を大きく動かして操作するものと手指の精緻な動きで操作するもの、握りこぶし / 足などでも操作可能なもの、わずかな力で操作できるもの、見るだけでなく触ってもわかるよう絵柄に凹凸があるもの)

■ **<アクセス>**誰もが微細運動や協調運動を伴う遊び要素にアクセスし、無理のない姿勢で操作できるよう工夫します。(例：プレイパネルや操作部分の高さに留意する[※2]。プレイパネルの下部にクリアランスを設ける[※3]。周囲の地面は平坦でアクセシブルとし、十分な広さを確保する[※4])

■ **<相互作用>**操作の結果として変化やフィードバックが起こる相互作用的 / インタラクティブな遊び要素を取り入れます[※5]。(例：ハンドルを回すと音がする装置、パネルを回すと絵柄が変わるパズル、ボタンを押すと霧が噴き出す仕掛け)

■ **<小道具>**子どもが遊びの小道具として、自由に使ったり集めたり組み立てたりできるアイテムや素材を提供します。(例：スコップ / バケツ、積み木 / ブロック、ドングリ / 松ぼっくり、小枝、石)　またそれらを並べたり組み立てたりしやすいテーブル / 台も提供します。(例：子ども用のテーブル、プレイハウス内の棚、切り株、岩、ベンチ)

※2　ADA 基準の参考情報では、車いすに乗る「3, 4 歳」、「5 ～ 8 歳」、「9 ～ 12 歳」の子どもが前方または側方に手を伸ばして届く高さの目安を、それぞれ「510 ～ 915mm」、「455 ～ 1015mm」、「405 ～ 1120mm」としています。

※3　膝下に空間があることで車いすユーザーがパネルにしっかりと接近でき、操作が容易になります。

※4　車いすやバギーのユーザーが操作に最適な位置につくために車いすなどをスムーズに切り返すことができるうえ、友だちや付添者と並んで遊びやすい点でも有益です。

※5　自分の動作により新たな変化が起こる因果関係のある遊びは、多様な子どもにとって好奇心や達成感、自信につながったり、繰り返し挑戦する動機付けになったりします。

3-13 もっと微細運動を伴う遊び！

a: ２色に塗り分けられた小さな円柱形のピースを回して、全体で模様や文字を表せるプレイパネル。パネル下部のクリアランスと床のせり出しにより、車いすユーザーもしっかりと近づいて操作しやすい。

b: ハンドルを回すと歯車が連動する仕掛け。パネルが透明なため、向こう側の子どもにも動きが見える。

c: 地元の木材に伝統的な模様を彫り込んだマリンバ。車いすユーザーを含む多様な子どもが演奏しやすいよう、角度や膝下のクリアランスを工夫したデザイン。

d: 時計の針を動かせるプレイパネル。触っても認識できるよう線や数字は彫り込まれ、数字の内側の金属プレートには点字表記も。

e: ジャングルをイメージした遊び場にある手回し発電スピーカー。正面の黒いハンドルを回すと、野生動物の鳴き声や川の水音などのさまざまな環境音が流れ出し遊び場を包む。

f: 雲に見立てた白い円盤を回してルートをつなぎながら飛行機を移動させるプレイパネル。

g: 算盤玉のように並んだ自然石を動かして遊ぶ仕掛け。子どもが指を挟むけがを防ぐため、石の間には黒いリングを装着。

h: アクセシブルなプレイハウス。奥行きのある窓枠や内部のベンチは子どもたちの作業台にもなる。

3-14
もっと感覚的遊び!

■ **＜遊びのタイプ＞**見る、聞く、触る、嗅ぐ、味わうなどいろいろなタイプの感覚刺激を伴う遊び[※1]の機会を提供します。(注：ここでは視覚≪見る≫、聴覚≪聞く≫、触覚≪触る≫、嗅覚・味覚≪嗅ぐ・味わう≫の五感について取り上げますが、他に前庭覚や固有覚なども重要です[※2])

■ **＜アクセス＞**誰もが感覚刺激を伴う遊び要素にアクセスし、無理のない姿勢で操作や観察ができるよう工夫します。(例：遊具の高さに留意する。操作のしやすいデザインとする。周囲の地面は平坦でアクセシブルとし、十分な広さを確保する)

■ **＜感覚刺激の整理＞**子どもがそれぞれの感覚刺激に向き合いやすいよう、多種多様な刺激をまとめて大量に提供することは避けます。場所ごとに感覚刺激の種類を整理したり量を絞ったりするなど、環境の調整を図ります。

■ **＜隠れ家的スポット＞**一人または数人で入り込めるこぢんまりとして居心地の良い隠れ家的スポットを設けます[※3]。(例：プレイハウス、コクーン型 / ドーム型の遊具、植栽で囲われたコーナー)　隠れ家的スポットは、賑やかで活動的な遊びエリアや音の感覚刺激が多いエリアから少し離して設けます。また完全な閉鎖空間とするのではなく、のぞき穴 / 窓などを通して外とのつながりを保てる状態とします。

※1　発達障害などに関連して脳内で感覚刺激を処理する過程に課題があり、特定の感覚が過剰に鋭いまたは感じにくい特性を持つ子どももいます。それぞれに合った形で感覚刺激を伴う遊び体験を積むことは、子どもの身体と脳の発達にとって重要です。

※2　前庭覚は、重力 / 傾き / 揺れ / 加速 / 回転などを感知し、体のバランスを取る働きなどをしています。固有覚は、筋肉 / 腱 / 関節などからの情報を感知し、四肢や体幹などの位置関係を認識したり、力加減をコントロールしたりする働きをしています。これらの感覚が統合されていくことで身体意識が高まり、視空間認知力、協調運動、運動企画力などの向上にもつながります。こうした発達の支援には、3章に挙げた遊びの項目の中からいろいろな姿勢や動きを体験する機会を選定し提供することが有益です。

※3　発達障害を持つ子どもの中には、興奮やストレス、また大量の感覚刺激にさらされることなどによって感情のコントロールが困難になりやすい子どもがいます。そうした際に隠れ家的スポットへ退避することで、興奮や刺激の元から離れて小休止を取ったり、気持ちを切り替えやすくなったりする場合があります。またいざというときに退避できる場所があることで、安心感を持ってみんなとの遊びに参加しやすくなる子どももいます。隠れ家的スポットは、障害のある子どものための特別な場所としてではなく、遊び場になじむデザインとすると、子どもが尊厳を保って利用しやすくなります。

3-14 もっと感覚的遊び！

a: 見る、聞く、触るなどの感覚的遊び要素を取り入れたプレイパネルコーナー。

b: ハーブガーデンのプレート。嗅ぐと特徴的な香りがすることを、彫り込んだ文字と絵記号で表現。

c: 子どもが触ったり乗ったりして遊べるリアルなワニのオブジェ。

d: 複合遊具のデッキの窓に設けられた万華鏡。のぞいてハンドルを回すと中の美しいガラス玉が動き模様の変化を楽しめる。

e: 大木の洞を模した隠れ家的スポット。車いすのまま入れる広さで上は開いており空が見える。のぞき穴のある壁には鳥や蝶の姿も。

f: 花や野菜、果物などさまざまな作物が育つファームガーデン。

g: 叩いたり揺らしたりすると音が鳴るユニークな仕掛けが並ぶ音遊びコーナー。

≪見る≫

■ **<遊びのタイプ>**プレイパネル、鏡、壁、天井、地面などを利用して、さまざまな色や光、模様、またそれらの変化を見て楽しむ機会を提供します。（例：色が変わったり動きを伴ったりするプレイパネル、潜望鏡、壁画、光が差し込む窓 / 穴のあるトンネル）

■ **<認知のひろがり>**視覚を活用した認知や思考につながる遊び要素を提供します。（例：図柄を記憶したり組み合わせを推察したりする絵合わせパズル、採集した花や木の実を観察できる凸レンズの仕掛け / 拡大鏡、在来の昆虫や鳥を紹介する写真パネル）

■ **<色使い>**プレイパネルなどの遊具は、弱視や色覚障害の子どもも認識しやすいよう色使いに留意します[※1]。また視覚過敏の人などにとって過度な刺激となる色使いを広い面積で多用することは控えます。（例：赤や黄色などの派手な原色の多用、明るい白や輝度の高い色の多用、目立つ市松模様や縞模様などのパターンの多用）

■ **<配色のルール>**弱視の子どもを含む多様な人が、遊び場内の場所の特性や自分の位置などを色で認識しやすいよう、効果的な配色を検討します[※2]。（例：園路の主要ルートは、周囲の地面と比べて見極めやすい色とする。衝突や転落の危険がある場所では、地面 / 床の色を変えて注意喚起を図る）　なおこうした配色のルールは、遊び場全体で統一します。

※1　人にはさまざまな色覚特性があり、色の見え方が異なります。色使いを検討する際は、色覚障害を持つ人たちの意見を聞いたり、多様な見え方を確認できるソフト、アプリ、眼鏡などのシミュレーションツールを活用したりすることが有益です。（例：アプリ「色のシミュレータ」）

※2　「4-5 地面」参照。

3-14 もっと感覚的遊び！

a: 在来の動植物に関するクイズパネル。回転するパネルの表には問いが、裏には答えが書かれている。

b: 複合遊具のデッキに設けられたのぞき穴。複層窓になっており、間にタランチュラなどの昆虫標本が仕込まれている。

c: 公園近隣の町の様子を表現した壁面。随所にタイルや人工芝、点字表記など触って楽しむ工夫に加え、町の案内や公園づくりの様子を紹介する動画サイトとリンクした QR コードも。

d: 湾曲したミラーパネル。表と裏で映る姿が異なる。　e: 中央のハンドルを回すと色の変化を楽しめるプレイパネル。

f: 出入り口の頭上に掲げられた立体的なオブジェ。リクライニングしたバギーやベッド型車いすに乗る子どもも認識しやすいようにとの意図。

g: 複合遊具のデッキに設けられた潜望鏡のプレイパネル。車いすユーザーが接近しやすいよう、パネルの下部は空いている。

≪聞く≫

■ **<遊びのタイプ>**音がする遊具や楽器※1のほか、伝声管での会話、トンネル内での反響、自然の音（例：風にそよぐ葉、小川のせせらぎ、鳥の声）などさまざまな音を聞いて楽しむ機会を提供します。

■ **<認知のひろがり>**聴覚を活用した認知や思考につながる遊び要素を提供します。（例：ボタンを押すとさまざまな動物の鳴き声がする装置、音と共に振動を感じられる遊具、遊び場の入り口や園路の分かれ道など特定の場所で音が鳴る遊具 / 仕掛け※2、ししおどし、水琴窟）

■ **<音色・音量>**遊び場の多様な利用者にとって音が過度な刺激とならないよう、遊具 / 楽器の音色や音量の選定に留意します※3。

■ **<配置>**音のする遊具を集めた音遊びエリアを設ける場合は、聴覚過敏などの子どもがそこを避けることも選択できるよう、エリアの配置に留意したり環境を工夫したりします。（例：遊び場の中央ではなく端に設ける。音の響き過ぎを防ぐため音遊びエリアを植栽などで囲う）

※1　音がする遊具や楽器には、自己表現や創作、また友だちとセッションをする楽しさなどがあります。不協和音になりにくく、音楽療法にも取り入れられる五音音階 / ペンタトニックスケールを用いた楽器（例：木琴、チャイム）も有益です。

※2　音は視覚障害のある人にとって、位置や方向を知るためのサインになり得ます。

※3　遊び場にあまりに音が多いと、補聴器の装用者を含む難聴の子どもなどが必要な音や声を聞き取りにくいうえ、近隣住民にとっても音が負担となる場合があります。幹線道路や工場などに近く外部の騒音が多い公園では遊び場の利用者のために、また閑静な住宅地にある公園では近隣住民のために、必要に応じて植栽や壁を利用した防音対策などを講じることを検討します。

3-14 もっと感覚的遊び！

a: 木の実の形のドーム内に設けられたドラム。内部は音がよく響く。ドラムの支柱と台座は人の足を模したユニークなデザイン。
b: 先端がゴムのマレットで演奏する金属製のチャイム。柔らかく澄んだ音が奏でられる。
c: 床の突起を踏むとベルが鳴る仕掛け。ドレミの順に並んでおり、車いすの車輪で踏んだり杖の先で突いたりして鳴らすこともできる。
d: 五音音階で優しい音色のマリンバ。即興演奏に熱中する子どもの姿も。
e: 植栽で囲われた音遊びエリア。右の楽器は木のペダルを押すと後ろからハンマーがチャイムを叩く仕掛け。マレットを握ることが難しい子どもも演奏しやすい。
f: パネルを踏むと音が鳴る仕掛け。各パネルで音の高さが異なる。園路の交差点に設けたことで、多くの通行者が楽しんで踏んでいく。
g: 足元のペダルを踏むと鐘のような音がするスツール型の楽器。座った状態で鳴らすと、音と共に座面から振動が伝わる。
h: 電話をイメージした伝声管。話したり聞いたりする青い穴の位置は、ダイヤルを回すことで自分に合った高さに変えられる。

≪触る≫

■ **＜遊びのタイプ＞**つるつる、ざらざら、ふわふわ、でこぼこなどさまざまな質感や固さ、形状の物に触れて楽しむ機会を提供します※1。（例：木材、金属、プラスチック、ロープ、クッション性のある素材、水、砂、土、岩、草木）

※1　とくに視覚障害のある子どもにとって、幼い時から多くの物に触れる体験を積むことは、触察力 / 触覚による観察力を養ううえで重要です。

■ **＜認知のひろがり＞**触覚を活用した認知や思考につながる遊び要素を提供します※2。（例：リアルな動物の像、壁や地面のレリーフ、公園や町の立体模型、凹 / 凸文字付きのプレイパネルや標識）

※2　視覚障害のある子どもなどにとって、自分を取り巻く世界を知るための有意義な情報源となり得ます。

■ **＜全身での体験＞**手や指で対象物に触る体験に加え、体全体で触感や圧迫感を体験する機会を提供することを検討します。（例：垂れ下がる柔らかな枝葉や生い茂る草に触れながら通り抜けるアクセシブルなルート、寝転んで滑るローラー滑り台、這って登ったり転がり下りたりできる芝の斜面、クッション性のある円柱などの間に体を押し入れて通るポイント）

■ **＜配置＞**感覚過敏などの子どもが苦手な刺激を避けることも選択できるよう、遊び要素やエリアの配置に留意します。（例：人気の遊び要素や一つしかない遊具を砂の地面に設置しない※3。砂遊び・水遊び・泥遊びをそれぞれ楽しめるよう配置やデザインを工夫する※4）

※3　砂はアクセシブルでないうえ、感覚過敏のため砂の上を歩いたり靴に砂が入ったりする感触が不快で近づけない子どももいます。

※4　小さな砂場と水遊び場を同じ場所に設けると、常に泥遊びコーナーになりがちです。砂遊びと水遊びのそれぞれは好きでも、泥の感触は不快で触れない子どももいます。まずは好きな感触を存分に楽しめる環境を提供し、経験を積むなかで自信や興味の広がりにつなげることが有益です。

3-14 もっと感覚的遊び！

a: 遊び場に面した建物の壁を飾る森のレリーフ。木や岩の隙間にはフクロウやトカゲ、カモノハシなどの生き物の姿が隠れている。
b: 柱のボタンを押すと右のスツールが一定時間振動する仕掛け。ここに座って振動を楽しんだりリラックスしたりする子どもも。
c: 水遊び・砂遊び・泥遊びができるよう砂場の脇に水路を設けた例。奥のレイズされた水源にはアクセシブルルートが通じている。途中の水路もアクセシブルだとなおよい。
d: 右奥に置かれた器の水で手の平を濡らして手前の石柱の上面を擦ると、グラスハープの要領で音が鳴る仕掛け。
e: 数億年前の裸子植物の化石を埋め込んだオブジェ。後ろの壁には解説パネル。
f: 寝転んで上のアーチをつかみ腕の力で進むローラーテーブル。上肢の運動に加え身体への触圧刺激も意図された遊具。
g: 地元の森に棲むオオヤマネコの像。この向かいにはもう１頭の像があり、そちらは歩いているポーズ。視覚障害のある子どもも野生動物の立ち姿と伏せた姿の両方を触って認識できる。
h: 小道にややせり出すように植えられた植物。子どもたちが柔らかい葉と穂に触れながら通っていく。

≪嗅ぐ・味わう≫

■ **<遊びのタイプ>** 異なる香りがする草花の植え込み、踏み入ると土 / 葉 / 樹皮などの香りがする林、蜜のある花、葉 / 実が食べられる植物 (例：ハーブ、エディブルフラワー、野菜、果樹) などさまざまな香りや味を楽しむ機会を提供します。

■ **<認知の広がり>** 嗅覚や味覚を活用した認知や体験につながる環境やプログラムを提供します。(例：植物の名前 / 開花時期 / 実のなる時期などを記したプレート、多様な人が参加する自然観察会、ハーブ / 果物の収穫会やそれらを使った小物づくり / 調理のワークショップ)

■ **<アクセス>** 誰もが植物の香りを嗅いだり、観察したり、花や実を採集したりできるよう工夫します。(例：丈が低い草花は、レイズド花壇や斜面など地面より高い場所にも植える※1。花壇や菜園の中にアクセシブルなルートを設ける。子どもや車いすユーザーも手が届きやすいよう、低い位置に実のなる果樹を植えたり剪定を工夫したりする※2)

■ **<配置>** ハーブガーデンなど香りのする植物を集めたエリアを設ける場合は、嗅覚過敏などの子どもがそこを避けることも選択できるよう配置に留意します。

■ **<安全>** 不意に触るとけがをする可能性のある鋭いとげ / 葉を持つ植物や毒性のある植物、花粉症などアレルギーの元となる植物の利用は避けます。とくに食べることを前提に植物を栽培する場合は、食用の種苗※3 を用いたうえで安易な農薬の使用を控え、日頃から丁寧な維持管理に努めます。

※1　車いす / 歩行器のユーザーや屈む姿勢が困難な人、また対象物を間近で見る必要がある弱視の人にとって有益です。

※2　主要ルートなど園路の頭上に不用意に枝を張り出させると、視覚障害のある人が通る際、気づかずにぶつかる危険があります。樹木の配置に留意します。

※3　観賞用のハーブやエディブルフラワーは、飲食に適さない農薬などが使用されている場合があります。

3-14 もっと感覚的遊び！

a: ハーブのレイズド花壇。名前などを記したプレートはコントラストを考慮した色使いで、下には点字表記も。
b: 古いピックアップトラックを花壇に活用した例。エンジンルームと荷台ではイチゴやヒマワリなどが栽培され、トラックの運転席は子どもの遊び場にもなっている。
c: 冒険遊び場の広いデッキに設けられた手作りのレイズド花壇。
d: ファームガーデンで色づき始めたリンゴの木。
e: 花と一緒に育てられているミニトマト。畑にはトウモロコシやカボチャなど多彩な作物があり、日々成長を観察し収穫する楽しみがある。
f: 畑にコーヒー豆の麻袋を敷き、車いすや歩行器のユーザーも入りやすい通路を設けた例。
g: 車いすで接近しやすいよう足元の壁にくぼみがあるレイズド花壇。各種のハーブが植えられ香りを楽しめる。

3-15
もっと社会的遊び!

■ **<遊びのタイプ>**他者の遊びを観察する、並んで同じ遊びをする、協力して遊ぶ、ルール遊びやごっこ遊びをする、仲間や初対面の人との交流を楽しむなど、いろいろな場面で人と関わる機会を持てる遊具や仕掛け、環境を提供します※1。(例：複数の人が一緒に利用できる砂遊び / 水遊びテーブル、シーソー、伝声管、三目並べなどの簡単なゲームができるプレイパネル、複数の人が一緒に乗り込める回転遊具、ピクニックエリア)

※1　子どもにとってさまざまな人との遊びや交流は、コミュニケーション能力やソーシャルスキルの向上を含む社会的発達につながる重要な機会です。

■ **<アクセス>**他者との社会的遊びや交流に誰もが参加できるようアクセシブルな環境を提供します。(例：園路 / 地面のアクセシビリティを整える。並んで遊んだり協力したりしやすいよう遊具の高さ / デザイン / 配置 / スペースを考慮する)

■ **<コミュニケーション>**多様な子どもが意思の疎通を図ったり交流したりしやすいよう、いろいろな手段によるコミュニケーションを支援する遊具や仕掛けの提供を検討します※2。(例：指文字 / 手話を表記したパネル、言葉と絵記号 / シンボルを併記したコミュニケーションボード)

※2　聴覚障害、言語障害、発達障害などのある子どもや日本語を母語としない子どもにとって、他者とコミュニケーションを取るきっかけとなったり意欲が高まったりします。また公園を利用する人々に、音声言語以外のコミュニケーション手段への理解や関心が広がる点でも有益です。

■ **<地面の工夫>**多様な子どもがルールを共有する遊びに参加しやすいよう、地面に工夫を加えることを検討します。(例：ケンケンパ / 渦巻じゃんけん / 人間すごろくなどのゲームに活用できる模様を描く。ブランコの順番を待つ際に並ぶ位置の目安となるマークやラインを描く※3)

※3　発達障害や知的障害などにより、暗黙のルールやその場の雰囲気が察知しにくく、タイミングを逃してなかなかブランコに乗れない子どもや、強引に割り込もうとしていさかいになりがちな子どもがいます。待つ場所や順番が明確になることで遊びに参加しやすくなる場合があります。

■ **<集う場所>**多様な子どもがグループで集まったり、遊びの拠点にしたりできる場所を提供します。(例：プレイハウス、複合遊具のデッキ下※4、子ども用のテーブルとベンチ、丸太 / 岩 / 切り株などを配した広場)

※4　車いすや歩行器のユーザーも利用できるよう、出入り口の幅や高さ、内部のスペースなどに留意します。

■ **<ごっこ遊び>**多様な子どもが想像力を発揮したり、イメージを共有したりしながらごっこ遊びができる環境を提供します※5。(例：ままごと遊びなどができるプレイハウス、お店のカウンターや窓口を模した遊具、車 / 電車 / 船 / 飛行機またその運転席を模した遊具、遊びのイメージを広げるオブジェや壁画、植栽 / 丸太 / 岩などを配しオープンエンドな使い方ができる自然エリア)

※5　ごっこ遊びは、子どもが現実社会をまねたり、自分たちで空想の社会を築いたりする場です。障害の有無を問わず誰もが多彩な役割や活動を展開できるよう、遊具や環境のアクセシビリティに十分留意します。

■ **＜ステージ＞**多様な子どもがパフォーマンスを披露したり、イベントやプログラムに利用したりできるアクセシブルなステージを設けることを検討します※6。車いすユーザー用の客席は 1 か所にまとめて設けるのではなく、好きな場所を選び、多様な人と並んで座れるよう配置やデザインを工夫します※7。

※6　公園の活用機会が広がり、さまざまな住民の交流が促される点でも有益です。

※7 「4-6 ベンチ・座る場所」参照。

a: 遊び場でよく使う言葉と絵記号を記したコミュニケーション支援パネル。複合遊具の側壁として用いられ、裏には別のワードが並ぶ。
b: ベンチに貼られたアルファベットのプレート。文字と指文字、その文字で始まる単語と手話、さらにそれぞれの点字が表され、文字などは触ってもわかるよう凸状。プレートは遊び場のあちこちにある。　c: 地面を活用した大きなチェスボード。
d: アクセシブルなステージと客席。ベンチが左右交互に置かれており、車いすユーザーも好きな位置にみんなと並んで座りやすい。
e: 子どもが入って遊べる建物が並ぶ町エリア。役場や消防署のほか、学校、店、銀行などもありスケールの大きなごっこ遊びを楽しめる。
f: 車いすユーザーにもアクセシブルなキッチンカウンター。多様な子どもが一緒にままごと遊びを繰り広げられる。
g: 蒸気機関車を模した遊具。客車や運転席には段差がなく、誰もが乗客にも運転士にもなれる。

人気のブランコでの出会い

アメリカ・シアトルの観光名所スペース・ニードルの足元に、子どもと芸術家たちのコラボレーションで生まれたユニークな遊び場 “Artists at Play” があります。家族連れに人気のこの公園は、すべての遊具がアクセシブルというわけではありませんが、最初から障害のある子どもを含むさまざまな子どものための工夫が盛り込まれています。

例えば右上の写真のブランコ。左から安全バーのある背もたれ付きブランコ、皿型ブランコ、一般的な平板型ブランコの３つが仲良く並んでいます。特徴的なデザインの梁の上にはウインドチャイムなどの仕掛けが施され、きれいな音とブランコの揺れを一緒に楽しめるという趣向。

ここで、こんな場面に出会いました。（下の写真）

青いバギーに乗った障害のある女の子とお母さんが、背もたれ付きブランコが空くのを待っています。人気のブランコは乗り手が降りるとすぐに他の子が座るため、なかなか空きそうにありません。

しばらく経って私たちがブランコの方を見ると、

２人はまだ待っていました。そのまま成り行きを見守っていると、ついにお母さんが乗り手の女の子に声をかけたようです。「次はこの子を乗せてあげてね」。数分後にブランコを降りた女の子に「ありがとう」と微笑んだお母さんが、ブランコに背を向けて娘をバギーから立ち上がらせようとしていた時のこと。

無人のブランコに気づいた２人の男の子がわれ先にと駆け寄りました。振り向いたお母さんは、彼らに「ごめんね、次はこの子の番なの」と伝えた様子。すると１人の男の子は「なーんだ」という表情ですぐに立ち去りましたが、もう１人の男の子はなかなかその場を離れようとしません。

真剣な表情でお母さんと話し続ける男の子。もしかすると「僕だって待ってたんだ」と抗議しているのかもしれない…そう思い始めたとき、彼がおもむろにブランコの後ろへと回り込みました。お母さんは女の子をゆっくりとシートに座らせ、ブランコの斜め前へと離れます。すると男の子、彼女のブランコを揺らし始めたのです。

男の子が２人に伝えていたのは、「じゃあ、僕が押そうか」

ブランコシートに乗った女の子は最初硬い表情でしたが、揺れが大きくなるにつれて口元が緩み、目を輝かせ、やがて満面の笑みに！ 見知らぬ男の子の申し出に少し戸惑い気味だったお母さんもまた、娘の表情の変化を目の当たりにしてとても嬉しそう。男の子はそんな２人の様子を知ってか知らずか、ただ熱心に女の子が乗るブランコの背中を押し続けています。

遊び場の一角で何気なく生まれた幸せな時間——。

回転パネルでびっくり

オーストラリアのビーチパークにある遊び場で見つけた回転パネル。

自然を大切にするこの国らしく、パネルは在来の植物や生物に関するクイズになっており、片面には問いが、くるりと回すと裏にその答えが書かれています。例えば…

問い「マングローブの葉っぱに付いている白い点々は何かな？」 →答え「根から吸い上げられた塩分が、葉っぱから汗をかくようにして出てきたものだよ」

問い「この渡り鳥はどこから飛んでくるのかな？」→答え「１万キロも離れたロシアのシベリアだよ。そこで鳥たちは数週間かけて子育てなどをした後、また戻ってくるよ」 などなど。

そして左角のパネルにはこんなクイズが——。
問い「クロコダイルは何を食べる？」 →ひっくり返すと、ん？ただの鏡…!?（右の写真）

「キャアアアッ!!」
子どもたち、大はしゃぎです。

場のデザイン

Site Design

たとえ個々の遊びがアクセシブルであっても周囲の環境が整っていなければ、障害のある子どもや大人を含むさまざまな人の利用には結びつきません。
誰もが気軽に立ち寄り、のびのびと遊び、くつろぎ、交流を深め、「また来よう」と思えるよう、より多くの人にとって利用可能で快適な場づくりを目指します。

4-1
公園へのアクセスと安全

■ **＜交通手段＞**あらゆる人が遊び場を訪れることができるよう、公園の規模や立地条件から想定される多様な来訪手段（例：徒歩 / 車いす、自転車、自家用車、バス、電車）に応じて、公園およびその周辺のアクセス環境を整えます。

■ **＜歩道＞**公園周辺の歩道や、最寄りの駅 / バス停などから公園への経路となる歩道のバリアフリー化を図ります。（例：なるべく平坦で十分な幅の歩道とする。点字ブロックを敷設する。信号機を音響装置付きにする） 駅やバス停から多少距離がある場合は、途中の分岐点に案内標識を設けたり、歩道沿いにベンチを置いたアクセシブルな休憩所を設けたりすることを検討します。

■ **＜自転車置き場＞**遊び場の出入り口に自転車置き場を設けることを検討します[※1]。

■ **＜駐車場＞**遊び場の出入り口の近くに、障害者用駐車スペースを備えた駐車場を設けることを検討します[※2]。また一般の駐車スペースも通常より広くすることを検討します[※3]。

■ **＜停車スペース＞**遠足などでの団体利用が見込まれる公園の場合、スクールバスや福祉車両を一時的に停めて子どもたちが乗降できる停車スペースを設けることを検討します。その場合は、子どもたちの集合場所として、また安全に乗降を待つ場として待合スペースを確保することも併せて検討します[※4]。

■ **＜照明・電源＞**出入り口、案内板、主要な園路、トイレ、周辺の歩道など、安全な通行や防犯の観点から合理的な場所に照明施設を設けます[※5]。また必要に応じて利用できる AC 電源を設けることを検討します[※6]。

■ **＜禁煙区域指定＞**子どもや妊婦、ぜんそくの人を含む多様な利用者が、受動喫煙の被害を受けることなく安心して公園を利用できるよう、遊び場とその周辺を禁煙区域に指定することを検討します[※7]。公園には禁煙であることを示す看板などを設置し、利用者への周知を図ります。

※1　周辺の路上に自転車が置かれ歩行者や車の通行を妨げる事態を防ぐとともに、遊び場内へのむやみな自転車の乗り入れを抑止する効果も期待できます。

※2　車いすユーザーを含む障害のある人やその家族は、自家用車を主要な移動手段としている場合が少なくありません。駐車場があることで多様な家族連れが遠方からも来訪しやすくなります。また福祉車両は車体後部からスロープを出し車いすのまま乗り降りするタイプも多いため、障害者用駐車スペースは幅だけでなく後部の奥行きも確保すると有益です。

※3　妊産婦や乳幼児連れを含む多様な人にとって車の乗降がしやすく、ベビーカーや荷物の積み下ろしも容易になります。

※4　待合スペースには、座る場所や日除け / 雨除けがあるとなお有益です。

※5　とくに災害時に避難地となる公園では、太陽光発電の照明灯が望まれます。

※6　電動車いすや人工呼吸器などのユーザーにとって、バッテリー切れや機器の故障といった非常時に利用できる電源があることは大変有益です。

※7　たばこの投げ捨てによる火災防止のほか、幼い子どもや障害のある子どもが誤って吸い殻を口にする危険を防ぐことにもつながります。

4-1 公園へのアクセスと安全

a: 最寄り駅と公園をつなぐルートとして、交通量の多い幹線道路を避け新たな遊歩道を整備した例。
b: 遊び場の入り口手前に設けられた自転車置き場。スタンドがない子ども用自転車を立てかけやすいよう円い駐輪用ポールも設置。
c: 公園の専用駐車場はないが、最寄りの広い道路に路上駐車が可能。遊び場の正面には安全な乗り降りのための停車スペースを確保。
d: 遊び場の近くに障害者用スペースを設けた駐車場。タイヤ止めのない部分には黄色の点状ブロックを配し、歩道と駐車場の境を明確に。
e: 駐車場と遊び場の間にあるエントランスエリア。座る場所やベンチもあり、団体利用者が集合する待合スペースとしても利用できる。
f: 遊び場とその周囲10メートル圏内が禁煙区域であることを知らせる看板。違反者には罰金も。
g: トイレの外壁に設けられた電源。車いすマークの四角いパネルには「充電ステーション」と書かれ、下にコンセントがある。

4-2
出入り口

■ **<アクセス>**遊び場の出入り口は、初めて来訪する人を含む多様な利用者にとって認識しやすくアクセシブルな状態とします。出入り口に車止め※1 のポールや柵を設ける場合、車いすや二連ベビーカー※2 が通過できる幅やスペースを確保します。

※1　必要に応じて維持管理の作業車両や緊急車両などが進入できるよう、可動式の車止めが望まれます。

■ **<事故防止>**多様な子どもが出入り口から車道や駐車場へ飛び出したり迷い込んだりして起こる事故を防ぐため、周辺の安全対策を講じます。(例：出入り口周辺の見通しを良くする。歩道と車道を防護柵 / 植栽で分離する。車道 / 駐車場に車のスピードを抑制するハンプを設ける。歩道と駐車場の境界を明確にするため地表面の色や材質を使い分ける。駐車場などへ出る手前の地面に、点状突起の点字ブロックを敷設したり、いったん立ち止まることを促す足形マークを描いたりする)

※2　2人の子どもが左右や前後に並んで乗る二連ベビーカーの多くは、幅または長さが一般の車いすより大きいことに留意します。手動 / 電動車いすの規格が幅700㎜、長さ1200㎜以内であるのに対し、二連ベビーカーは幅730～850㎜、または長さ1000～1350㎜のものが多いようです。なおリクライニング式やベッド式の車いすではさらに長い場合もあります。

■ **<案内板>**とくに広い公園の場合、事前に遊び場の全体図やトイレなどの便益施設の位置を把握できるよう、出入り口に案内板を設けることを検討します※3。案内板は子どもや車いすユーザーからも見やすい高さとし、内容はシンプルで明快な表現を心がけ、多様な人が理解しやすいよう工夫します。(例：読み仮名 / ピクトグラム / 外国語表記を加える。点字表記 / 触知図 / 立体模型を用いる※4。音声案内装置を設置する。QR コード / マップ機能 / 各種アプリを活用しスマートフォン / タブレット端末向けの情報提供も行う)

※3　遊び場の案内のほかに、遊具の不具合などを発見した際の連絡先や、最寄りのAED/ 自動体外式除細動器の設置場所、またペットの立ち入りが禁止されている公園では補助犬（盲導犬 / 介助犬 / 聴導犬）同伴可のマークなどを併記することも検討します。

※4　点字 / 触知図 / 立体模型といった触ることが前提の案内板は、表面の汚れ、直射日光による熱、冬場の冷たさなどが利用の妨げとなりやすいため、素材の選定や案内板の向き / 配置を工夫し、丁寧な維持管理に努めます。なお点字や触知図よりも立体模型の方が、視覚障害のある子どもなどにとって理解しやすい点で有益です。

■ **<インクルージョン>**出入り口は、公園を訪れた誰もが「歓迎されている」と感じられ、遊びへの期待が高まる雰囲気づくりに努めます。(例：多様な子どもが遊ぶ姿を表現したアーチ門 / モニュメント、魅力的なアプローチ / タイル壁画、ユニバーサルデザインの遊び場のコンセプトを伝える看板※5)

※5　ユニバーサルデザインの遊び場への理解を高める目的で大型の看板を掲げるケースもありますが、子どもたちがとくに障害を意識することなく遊べるよう、さりげないプレートや大人向けの解説文の表示に留めたり、遊び場ではあえて告知をせずウェブページなどでコンセプトを紹介したりするケースが少なくありません。

4-2 出入り口

a: 遊び場は広い駐車場に隣接しているが、出入り口は車の通行路と分離した安全な場所に配置した例。

b: 駐車場内の車道。横断歩道部分をハンプ形状にすることで、車に徐行を促せるうえ、人は歩道からフラットで車道を渡ることができる。

c: 案内板の位置を知らせるため、点字ブロックの代わりに玉石を並べて舗装した例。

d: 遊び場の立体模型の例。サイズや色、素材の使い分けなどを工夫するとよりわかりやすくなる。

e: 遊び場づくりの経緯を紹介する看板。地元の障害を持つ子どもと家族の呼びかけに学校、団体、企業など地域の多くの人々が協力した。

f: 木をふんだんに使った遊び場を象徴するアーチ門。左下には、このインクルーシブな遊び場がバンクーバー冬季オリンピック・パラリンピック大会のレガシーとしてつくられたことを伝える看板。

g: 駐車場から遊び場に向かうエントランスブリッジ。水辺の草花を眺めながら緩やかにカーブしたボードウォークの回廊を進む。

4-3
外周の囲い

■ **<囲い・柵>**遊び場の外周を、フェンス / 柵 / ランドスケープ（例：植栽、石垣、地形）などを利用して囲うことを検討します※1。遊び場全体を囲わない場合でも、交通量の多い道路、線路、川、池、崖などの危険な場所に面した箇所では、部分的な囲い / 柵を設けます。

■ **<門扉>**囲いの出入り口となる箇所に門扉を設置することを検討します※2。子どもが1人で遊び場から出て行ってしまう事態を防ぐ簡易錠付きの門扉にする場合は、小さな子どもには開けにくく、かつ大人の車いすユーザーなどには操作が可能なよう、錠の種類や高さに留意します。

■ **<安全>**フェンスや柵は、よじ登りにくいデザインや高さとします。また視覚障害のある子どもを含む多様な子どもが、誤ってぶつかりけがをすることがないよう留意します。（例：認識しやすい色を選定する。ぶつかってもけがをしにくい素材 / 形状とする。柵の付近は異なる地表面材とし注意喚起を図る）

■ **<印象・雰囲気>**外周を囲うことで遊び場が閉鎖的な雰囲気にならないよう工夫します。（例：外から遊び場の様子が見えるようにする。柵 / フェンス沿いに植栽を設け、囲いの印象を和らげる。柵や門扉に遊び心のある装飾的デザインを用いる）

※1　発達障害などで遊び場から衝動的に走り出ることの多い子どもやその家族に、安全と安心を保障するうえで大変有益です。また、声かけによる注意や呼び止めが難しい聴覚障害や知的障害のある子どもの親や、一人で複数の子どもを連れた親、あるいは自身が障害を持っている親にとっても、囲いがある遊び場は安心して子どもを連れて行ける貴重な外遊びの場となり得ます。

※2　出入り口を1か所にすると見守りが容易な反面、緊急時などに退避しにくい場合があるため、遊び場の広さに応じて数か所に設けることが望まれます。

a: 外周の囲いがある遊び場。出入り口は3か所あり、いずれも簡易錠付きの門扉。遊び場内には屋根付きのバーベキューコーナーもあり、多様な親子連れがのんびりと休日を楽しむ。

4-3 外周の囲い

b: 土地の高低差を利用し、遊具エリアの背後を石垣で扇状に囲んだ例。公園が交差点の角に位置していることから、子どもの車道への飛び出しや迷い込みのリスク低減にも役立っている。

c,d: 遊び場の外周を囲う柵。柵に沿って配された植栽が、閉鎖的な雰囲気を緩和している。

e,f: 遊び場を囲う柵と門扉。門はシンプルな落とし錠付き。

g: 遊び場の柵に、地域固有のさまざまな動物のシルエットをデザインした例。

h: 夜間は閉じられる公園の出入り口。開園中は写真のように門扉が開かれており、車いすユーザーを含む子どもや大人たちが並んで楽しげに遊び場へ入っていく様子を表現したデザインになっている。

4-4
園　路

■ **<主要ルート>**遊び場の出入り口から、すべての遊びエリアとトイレや水飲み場などの便益施設を切れ目なくつなぐアクセシブルな主要ルートを設けます[※1]。主要ルートは、進む方向が頻繁に変わったり複雑に枝分かれしたりするものではなく、簡潔で明快な構成とします。（例：遊び場を一周する / 貫く / ネットワークを構成する１～数本の主要ルートに沿って、各エリアや便益施設を配置する）

■ **<アクセス>**主要ルートは十分な幅と頭上のクリアランスを確保し、誰もが安全かつ容易に通れるアクセシブルな園路とします[※2]。路面には平坦で固くしまった滑りにくい舗装材[※3]を用います。（例：コンクリート、アスファルト、自然石の樹脂舗装、ゴムチップ舗装）

■ **<認識のしやすさ>**視覚障害のある人を含む多様な通行者が主要ルートを認識しやすいよう、園路とそれに隣接する場所とでは地面の色や素材を使い分けます。とくに広い遊び場では、園路の分かれ道などに現在位置や方向を知るためのサイン / 手掛かりを設けることを検討します。（例：ピクトグラムの標識、触知式の道標、人感センサーで音が鳴る仕掛け）

■ **<魅力>**アクセシビリティや安全性を重視するあまり主要ルートが単調で退屈な印象にならないよう、さりげない魅力を備えた「通りたくなる園路」を目指します。（例：直線ではなく緩やかにカーブさせることで景色に変化を生む。行き止まりをなくし子どもたちが回遊しやすくする。路面に動物の足跡をつける。季節により異なる表情を見せる植物を園路沿いに植える[※4]）

■ **<サブルート>**主要ルート以外に、遊びの価値を高めたり挑戦の機会を提供したりするサブルート / 小道を設けます。（例：植栽の間を抜ける脇道、緩やかな起伏のある小道、急な斜面を登る土や岩の道、枕木を並べたボードウォーク / 木道、敷石の道、芝生広場を横切るルート[※5]）　サブルートは、必ずしもすべての人にとってアクセシブルとする必要はありませんが、その先にあるエリアや遊具にたどりつく唯一のルートとしては用いず、利用者が選択できる複数のルートの中の一つとして位置付けます。

※1　園路がなく、一つのエリアに多くの遊具が置かれ人が縦横無尽に行き交う環境は、視覚障害や発達障害などのある子どもにとってレイアウトの把握や人の動きの予測が難しく、活動しにくい場合があります。エリアを分けて主要ルートでつなぎ、空間と動線を整理することが、多様な子どもの自立した移動や遊びの支援につながります。

※2　園路に幅があることで車いすユーザー同士が並んで通行したりすれ違ったりしやすいうえ、歩行時のバランスが不安定な子どもや、視空間認知が困難なため人との距離を測りにくい子どもにとっても、他者とぶつかる不安が軽減され歩きやすくなります。また手話でコミュニケーションを取る人を含む多様な家族や友だちが並んで談笑しながら移動できる点でも有益です。ベンチや水飲み場などは、通行の妨げにならないよう園路からセットバックして設けます。

※3　石畳や小舗石 / ピンコロ舗装は、路面の凹凸が車いすやベビーカーに乗る人に振動を与えやすいため、主要ルートでの使用は控えます。

※4　葉や実を大量に落とす植物は、通行者が滑ったりつまずいたりする原因となるため主要ルートから離して植えます。

※5　芝生は車いすで長い距離を移動するには体力が必要なうえ、芝が傷むと地面に凹凸やぬかるみが生じがちです。芝生広場にゴム製の芝保護マットを敷いたルートを設けると車いすがこぎやすくなり、視覚障害のある人も広い空間で方向を認識する手掛かりとなり得ます。

■ **＜坂道＞**小高い丘などに登るスロープルート / 坂道は、車いすユーザーを含む多様な子どもが過度に体力を消耗することなく頂上まで行けるよう、丘の高さや路面の勾配に留意します※6。坂道が続く場合は、手すりを設置したり水平面や休憩スペースを多く設けたりします※7。また必要に応じて、坂道の脇から斜面への転落を防ぐ安全対策を講じます。（例：坂道の崖側に柵 / 植栽を設ける）

※6　アクセシブルな坂道に加え、階段や岩場など多彩なルートがあると遊びの幅が広がります。

※7　坂道を上る多様な子どもがそれぞれに楽しんだり達成感を得たりできるよう、途中の水平面や頂上には複数のインクルーシブな遊び要素を設けます。

a: アクセシブルな園路のネットワークにより、歩行器を使う子どもも自分の好きなエリアや遊具を目指して遊び場中を歩き回れる。
b: 園路脇の太陽光発電スピーカー。通行者を感知すると自動で波音や海鳥の声が流れ出す。その先には海をイメージした遊びエリア。
c: 明確で認識しやすい主要ルート。子どもは自然とここを通るため、むやみにブランコエリアなどを横切る行為が抑止されている。
d: 主要ルートを川に見立てて、地元で親しまれている鮭の姿を刻んだ園路。　e: 玉石や石畳で変化をつけたサブルート。
f: スロープルートをショートカットする岩の小道。　g: 黄色い坂道の崖側（右）に、転落や脱輪を防ぐ低い柵を設置した例。

4-5
地　面

■ **<アクセス>**各エリアは、車いすや歩行器のユーザーを含む誰もが活動しやすいよう、基本的に平坦とします。土地の高低差を利用したり、遊びの価値を高めるために起伏を設けたりする場合は、アクセシビリティを確保したうえで、多様な子どもが過度に体力を消耗することなく活動できるよう勾配などに留意します。

■ **<地表面材>**遊び場の地面は、アクセシビリティと安全性、自然との調和などを考慮し、複数の地表面材を特性に応じて効果的に使い分けます※1。（例：園路はコンクリート、遊具エリアはゴムチップ舗装、ピクニックエリアは芝、自然エリアは土 / 固く敷き詰めたウッドチップ / 木道）　場所による地表面材の使い分けのルールは、遊び場全体で統一します※2。

■ **<境界部分>**異なる地表面材が接する境界部分は、基本的に段差や隙間がなく円滑に移動できる状態とします。ただし衝突や転落を防ぐ安全対策や、スムーズな移動を支援する目的で、柵 / 手すり / 植栽 / 段差などを設けてエリアの出入り口を限定したり動線を分離したりする場合を除きます。

■ **<衝撃吸収性>**子どもが遊具から落下した際などに深刻なけがを負うことがないよう、遊具の安全領域や転落の危険がある場所は衝撃吸収性を備えた地面とします※3。（例：ゴムチップ舗装※4、衝撃吸収人工芝）

■ **<色使い>**多様な人を誘導したり注意を喚起したりするため、地面の色使いを工夫します。（例：主要ルートは周囲の地面と比べて認識しやすい色とする。回転遊具などの周囲 / 滑り台の降り口 / スロープの出入り口など衝突の危険が高い場所の地面では異なる色を用いる）　なお地面の色を選定する際は、以下のことに留意します。

- 白や黄色などの明るい色や、輝度の高い表面仕上げを広範囲に用いることは避ける※5。
- 派手な原色を多用したり、目立つ模様 / パターンを多用したりすることは避ける※6。

※1　砂、砂利、ゆる詰めのウッドチップはアクセシブルとは言えません。土はぬかるんだり凹凸が生じたりしやすく、遊び場の主要な地表面材としては勧められません。

※2　視覚障害のある人も足元の感触で場所を判別しやすくなります。

※3　公園の遊び場で起こる事故の約70%が転落によるものです。子どもの危険認知能力や回避力には幅があるうえ、発達障害のある子どもなどの中には、とりわけ高い所へ登ったり飛び降りたりする遊びが好きな子どももいます。一定の安全性を備えることが、子どもの挑戦や大人の見守りの支援につながります。地面の衝撃吸収性能等については日本公園施設業協会による「遊具の安全に関する規準」などを参考にしてください。

※4　ゴムチップ舗装は歩行時に転倒してもけがをしにくいうえ、地面に手や膝をついて移動しても汚れないため、障害のある子どもが尊厳を持って遊びやすい点でも有益です。一方で、とくに夏場は高温になりがちなため、遊び場全体などの広範囲に用いることは避けたり、日除けや遮熱塗装などで対策を講じたりすることが望まれます。

※5　光の反射が眩しく、弱視や視覚過敏の人、また高齢者などにとって見えづらい場合があります。

※6　視覚過敏の人などにとって過度な刺激となる場合があります。強烈な原色よりも、ややトーンを抑えた色や自然界に多い色の方が好ましいと言われます。

- 段差のある場所や遊具の安全領域などで注意喚起として色を塗り分ける場合は、弱視や色覚障害の人も認識しやすい配色とする※7。

※7　色覚障害のある人たちの意見を聞いたり、多様な見え方を確認できるシミュレーションツールを活用したりすることが有益です。また、平坦な地面に注意喚起や誘導の目的ではなく不用意に描かれた濃暗色の模様などは、弱視の人にとって段差と錯覚しやすく近づきにくくなる場合もあることに留意します。

■ **<維持管理>**地面のアクセシビリティや各地表面材の特性 / 効果が損なわれないよう、丁寧な維持管理に努めます。(例:主要ルートや遊具の安全領域の舗装面が砂 / 土で覆われていないか、また舗装された園路やエリアに隣接する地面のウッドチップ / 土が減り境界部分に大きな段差が生じていないかなどに注意する)

a,b: 園路やエリアの特性に応じて、地表面材をコンクリート、色の異なるゴムチップ舗装、人工芝、天然芝、ウッドチップなどで使い分けた遊び場。
c: 学校の遊び場。中央のシンボルツリーを囲む石張りの盛土はヒトデのような形に延び、各遊具のエリアを緩やかに分離。遊具の周りはゴムチップ舗装で色を塗り分けている。
d: 弱視の子どもを含む多様な利用者をスロープの出入り口に誘導するよう色使いが工夫されたゴムチップ舗装の地面。
e: 自然エリアの小山。遊具エリアのゴムチップ舗装や人工芝に対して、こちらは土や草の地面。小山へは急な斜面をよじ登るほか、右からの緩やかな坂道ルートも。

4-6
ベンチ・座る場所

■ **＜アクセス＞**障害や慢性疾患などで体力を消耗しやすい子どもを含む誰もが必要に応じて休んだり、大人が子どもを見守ったり、人々が交流したりできるよう、ベンチ / 休憩所 / 座れる場所を遊び場の随所に設けます[※1]。周囲の地面は平坦とし、十分な広さを確保します。ベンチなどは園路からセットバックして設け、周囲から円滑にアクセスできる見通しの良い場所に配置します。

■ **＜段階的選択肢＞**多様な人が自分のニーズに応じて座ったり休んだりする場所を選べるよう、デザインの異なるベンチや複数の休憩場所を設けます。（例：背もたれ / 肘掛があるものとないもの、座面の高さが異なるもの、広い縁台[※2]、風通しの良い場所と風が遮られる場所）

■ **＜車いすでの利用＞**ベンチの隣やテーブルの一角に、車いすユーザーが利用するための空きスペースを確保します[※3]。（例：同行者と並んで座れるようベンチの隣にスペースを設ける。野外卓のベンチの一部を外しアクセシブルなスペースとする[※4]）　また野外卓は、車いすユーザーがしっかりと接近できるよう足元のクリアランスを確保します。

■ **＜安全＞**テーブルやベンチは、弱視や色覚障害の人なども位置を認識しやすいよう、周囲の地面と比べて見極めやすい色とします。また子どもを含む多様な人がけがをすることのないよう、ささくれなどが生じにくい素材や仕上げとし、縁や角は面取りをします。

■ **＜日除け＞**体温調節が困難な子どもを含め利用者が日陰で休みやすいよう、一部のベンチや広い縁台は、日除けとなる屋根 / 布製のシェード / 緑陰をもたらす高木の下などに設けます。

※1　ベンチは、園路沿いや遊び場の外周に限らず遊びエリアの中や複合遊具のデッキ上などにも設けると、子どもが必要に応じて一休みしたり、子どもに付き添う大人が座って見守ったりできる点で有益です。また岩や丸太、砂場 / 花壇の枠なども座る場所として活用できます。

※2　広い縁台は、時折車いすから降りて横になりたい子どもにとって、また携行品（例：おむつ、着替え、たん吸引器などの医療的ケア用具）が多い利用者にとって有益です。

※3　こうした空きスペースはベビーカーを利用する親子連れにも有益です。

※4　複数の野外卓を設ける場合、車いすユーザーがどの席に着くかを選択できるよう、スペースは異なる位置 / 向きに設けます。固定式ではなく移動可能な椅子は、利用者の多様なニーズに柔軟に対応できる点で有益です。

4-6 ベンチ・座る場所

a: ベンチ、岩、園路の縁など随所に座れる場所がある遊び場。多様な人に利用されている。

b: 園路からセットバックして配した広い縁台。

c: ヒトデと貝を模した子ども用のテーブルと椅子。車いすユーザーのために椅子がないスペースも。

d: ベンチが手前にあるテーブルと奥にあるテーブル。車いすに乗る親も、子どもを見守りやすい向きを選んで利用できる。

e: 固定式のベンチと動かせるベンチを併用。

f: 表情豊かな木製ベンチを、間隔を空けゆったりと配置した休憩スペース。

g: 遠足などの団体利用にも便利な大型の屋根付き休憩所。ピクニックテーブルはベンチの配置がさまざまで、車いすユーザーを含む多様な仲間で利用したり、食事介助等に便利な位置関係で座ったりしやすい。

4-7
水飲み場・手洗い場

■ **＜アクセス＞**障害などで体温調節が困難な子どもを含む誰もが、必要に応じて水分補給をしたり手を洗ったりできるよう、主要ルート沿いや休憩所、砂場の近くなどの合理的な場所にアクセシブルな水飲み場・手洗い場を設けます[※1]。それらは園路からセットバックして配置し、水飲み器は子どもや車いすユーザーも利用できるよう、高さの異なるものを設けます[※2]。

■ **＜水栓部＞**水栓器具は、レバー式や押しボタン式など操作が容易なもので、カップ/ボトルに水を汲むことも可能なデザインとします[※3]。（例：飲み口は真上ではなく斜め上向きとし、水が弧を描いて吹き出すようにする。飲み口とは別に、水が下向きに出てボトルに汲みやすい水栓を設ける）

■ **＜地面＞**周囲の地面は平坦とし、十分な広さを確保します。地表面材は多様な人にとってアクセシブルで、濡れてぬかるんだり滑りやすくなったりしないものとします。手や足などが洗えるよう横水栓や水場を設置する場合、地面にアクセスを妨げる囲いや段差を設けることは避けます。また地面に排水箇所を設ける場合、上蓋には滑り止め付きで細目のグレーチング[※4]を用います。

※1　公園の水飲み場は、不衛生な印象から利用を躊躇する人もいるため、飲み口に直接口をつけて飲む行為を抑止するなど衛生的なデザインが望まれます。他の水分補給の手段として自動販売機を設置する場合、ボタン操作やコインの投入などが容易なユニバーサルデザインタイプの機材が望まれます。提供する飲料は、缶/ペットボトルだけでなくストロー付きの紙パックタイプもあると、利用者が自分の飲みやすいものを選ぶことができます。また乳児連れの利用者のために、調乳用給湯器や流し台を備えたアクセシブルな授乳室があるとなお有益です。

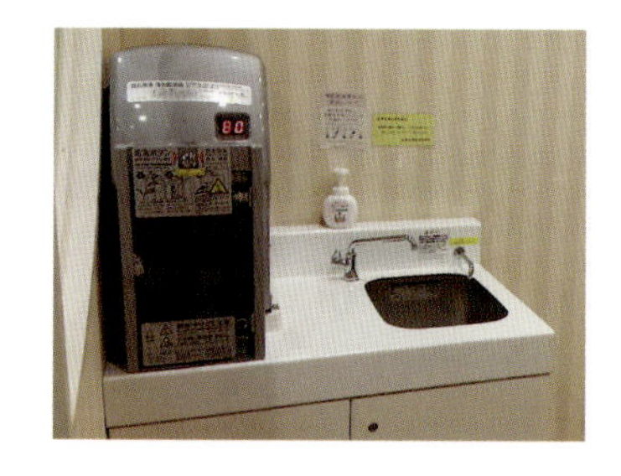

※2　1つの水飲み器の片側に幼児用の踏み台を設置する手法では、車いすユーザーは踏み台のない側からしかアプローチができず、利き手などによっては使いづらい場合があります。

※3　水飲み器から水を飲む動作が困難なため、ストロー付きのカップやボトルを持参し利用している人がいます。

※4　隙間が細かいことで、車いすの前輪や杖の先などの落ち込みを防ぐことができます。加えて水はねも低減するタイプは足元が濡れる心配が少ないため、多様な利用者が水栓に近づきやすい点で有益です。

a: 高さが異なる 3 つの水飲み器と手洗い用の水栓。水飲み器の飲み口は斜め上向きで、口を直接つけて飲む行為を防ぐガード付き。支柱の中ほどにある手洗い用の水栓は、散歩中の犬に水を飲ませるために利用する人もおり、飲み水としてボトルに水を汲むには抵抗感を持たれやすい。

b: 園路からセットバックし、アクセシブルな地面と十分なスペースを確保した水飲み場。

c: 操作が容易な長いレバー式の水栓。水は斜め上に吹き出る。左奥の青いプレートには、「飲む」という言葉と絵記号。

d: 側面のボタンを押すと左から水が弧を描いて出る水飲み器。右には体を支える手すり付き。水が落ちる部分をメッシュ状のカバーで覆い水はねをなくしたことにより、多様な子どもが落ち着いて顔を近づけ水を飲むことができる。反対側からも利用できるよう奥にスペースがあるとなおよい。

e: 左右で高さが異なる 2 つの水飲み器と、中央上部には持参したボトルに水を汲むための水栓がある水飲み場。

4-8
トイレ

■ **<アクセス>**車いすのユーザーやオストメイト※1を含む誰もが利用できるトイレを設けます。トイレは主要ルートから円滑にアクセスでき、周囲から見通しがきく場所に配置します。また多機能トイレだけでなく一般トイレのアクセシビリティも高めることで、多様なニーズへの対応を目指します。（例：一般トイレに子どもやベビーカーと一緒に入れるやや広い個室 / 簡易型多機能トイレを設ける※2。洋式便器の個室を一つ以上は設ける※3）

■ **<表示>**トイレの入り口には、多様な人にとって男女の区別などが認識しやすい案内表示を設けます※4。（例：男性用・女性用・多機能トイレを表す明快なピクトグラムを表示する。男性用と女性用の入り口の壁を直感的に識別しやすい色※5で塗り分ける。触っても認識できるよう点字表記を設けたり、ピクトグラムに凹凸をつけたりする。点字ブロックなどで誘導した先の壁に、トイレのレイアウトを示す触知案内図を掲示する）

■ **<多機能トイレ>**遊び場には多機能トイレを一つ以上設けます※6。多機能トイレは介助者が性別を問わず同行しやすいよう、基本的に男女共用とします。入り口は二連ベビーカーも通過しやすいよう幅を広く取り、開け閉めが容易な自動開閉扉か手動引き戸とします。手動引き戸の場合、子どもや車いすユーザーも開閉しやすいよう、握り手の高さや扉の重さ、鍵の位置※7などに留意します。非常呼び出しボタンは、床に倒れた姿勢でも操作できるようひも付きのタイプにするか、低い位置にもボタンを追加することを検討します。

■ **<色使い>**弱視の人や高齢で視力が低下した人もトイレの構造や扉、便器の位置を認識しやすいよう、内部の色使いに留意します。（例：トイレの床 / 壁 / 扉 / 便器 / 手すりの色を白などの単色、あるいは極めて似た色で統一することは避ける）

※1　内部障害により人工肛門または人工膀胱を保有する人。外出中、適時ストーマ装具を交換できるよう、オストメイト対応設備のあるトイレの普及が望まれます。

※2　多機能トイレほどの広さや機能を必要としない人が一般トイレを使えることで、多機能トイレへの利用者の集中を抑止できます。

※3　しゃがむ動作が困難な人や発達障害などでこだわりの強い子どもを含め、洋式便器しか利用できない人がいます。

※4　子どもも見やすいよう表示の高さに留意します。男性用と女性用の位置関係（左右）は、公園内のすべてのトイレで統一します。

※5　水色とピンクは、色覚障害のある人にとって見分けにくい場合があることに留意します。

※6　排泄、おむつ / ストーマ装具の交換、着替えなどに時間のかかる人もいます。とくに広い公園で多機能トイレが一つしかない場合は利用が集中し、待つ方も待たせる方も負担となります。男性用・女性用・多機能トイレをそれぞれ設けるよりも、簡易型を含む多機能トイレのみを複数設けすべて男女共用とすると、異性のきょうだい連れの親やLGBT/ 性的少数者の人を含め多くの人が気兼ねなく利用できる点で有益です。

※7　高さの異なる2か所に鍵を設けると、親子で多機能トイレに入っている際、子どもが1人で鍵を開けて先に出ようとする事態を防ぎやすい点で有益です。

4-8 トイレ

だれでもトイレのご案内

現在位置

どなたでもご自由にご利用ください

a: 地元の豊かな自然が表現されたトイレの壁画。周囲の景観にも溶け込んでいる。

b: 一般にアクセシブルなトイレは便器を手すりのある片側の壁に寄せて配し、もう一方にスペースを確保する。そのトイレを2つ設けて配置を左右対称とした例。利用者が便器のどちら側からアプローチするかを選びやすいよう、入り口に表示（ここではRH/右）。

c,d: 3つの個室はすべて男女共用のアクセシブルなトイレ（左の個室はドアを開けたところ）。ドアはレバー式のノブを操作するほか、壁のボタンを押し自動で開けることもできる。個室内の照明は自動点灯・消灯式。

e,f: 男性用トイレ・多機能トイレ・女性用トイレが判別しやすいよう色使いやピクトグラムを工夫した例。園路から点字ブロックで誘導した先の壁面には、ピクトグラムや点字を併記したトイレの配置案内図。

■ **<操作部>**視覚障害がある人も個室内のボタンやペーパーホルダーの位置を認識し使いやすいよう、操作部の形状、色、配置は JIS S 0026（障害者・高齢者配慮設計指針　公共トイレにおける便房内操作部の形状、色、配置及び器具の配置）の規格を基本とします。とくに便器洗浄ボタンは子どもが直感的に認知しやすいよう工夫し、非常呼び出しボタンなどとの押し間違いを防ぐことが望まれます。（例：目立つ色や形状とする。「押す」「流す」の代わりに平仮名で「ながす」と表示する。水を表す絵記号 / ピクトグラムを追加する※8）

■ **<各種設備>**多機能トイレ・簡易型多機能トイレ・一般トイレに、以下の設備を設けることを検討します。

- おむつ交換や着替えの際に、大人も利用できるサイズの折り畳み式多目的シート※9
- オストメイトの利用に適したシャワー水栓付き汚物流し※10
- 子ども用の便器※11/ 便座
- ベビーチェア、ベビーベッド / ベビーシート※12
- 収納式の着替え台 / フィッティングボード※13
- 紙おむつや使用済みストーマ装具も捨てられる汚物入れ
- 空調設備※14

■ **<使いやすさ・快適さ>**子どもを含む多様な人が利用しやすいトイレとするため、さまざまな工夫を検討します。（例：レバーハンドル式の水栓 / 自動水栓の洗面台を設ける※15。多機能トイレ / 一般トイレの個室の扉は、使用時以外は開いた状態とする※16。扉の鍵は容易に操作できるものとする。手荷物などが置ける棚やフックを設ける。トイレットペーパーホルダーは片手で紙が切れるタイプとする）　加えて、清潔で明るい印象のトイレを目指します※17。（例：トップライト / 天窓を設けて光を取り入れる。壁に絵を描く。清掃が容易な素材やデザインとする。トイレットペーパーや水石鹸の補充に留意する。トイレ清掃に地域住民の協力を得る）

※8　日本レストルーム工業会が策定したトイレ操作パネルの標準ピクトグラムでは、便器洗浄ボタンに渦巻のマークが使用されています。

※9　子どもサイズのおむつ替えシートでは狭くて利用できないケースが少なくありません。

※10　シャワーは温水対応が望まれます。オストメイト対応設備の周辺には、トイレットペーパーホルダー、水石鹸入れ、ストーマ装具などを置ける棚 / フック、装着状態を確認できる鏡などを設置します。一般に汚物流しの位置は子どものオストメイトには高いため、必要に応じて使用できる踏み台を備えることを検討します。

※11　女性用トイレ内に、男児用の小便器もあると有益です。

※12　ベビーチェアやベビーベッドなどは、男性用のトイレ内にも設けます。

※13　立位で着替えやおむつ交換をする、またズボンなどを全部脱いでから用を足す子どもにとっても有益です。

※14　トイレの利用に時間がかかる人やその介助者にとってとくに有益です。

※15　車いすユーザーもしっかりと接近し利用できるよう、洗面台下部にはクリアランスを確保します。洗面器が複数ある場合、一つは子ども用に低くし、水栓までの奥行きも短くすると有益です。

※16　視覚障害のある人や子どもも使用中かどうかを判断しやすいうえ、不審者対策や器物破損行為の抑止効果が期待できます。

※17　トイレが快適かどうかは、多様な人が外出先を選ぶ際の要件となったり、遊び場での滞在時間や公園の印象を左右する要素となったりします。

g: 大型の折り畳み式多目的シート（左）や空調設備もあるトイレ。
h: オストメイト対応設備。右隣には収納式の着替え台。
i: 子ども用の便器も設けた多目的トイレ。
j: 壁には遊び場づくりに関わった人たちのカラフルな手形。
k: トイレ内を楽しく彩るモザイク壁画。

公園調査トピックス 3

回転遊具に新たな工夫

バーを上げれば２台の車いすユーザーが地面からそのまま乗り込めるインクルーシブな回転遊具。ドイツ製のこの遊具は世界各地のユニバーサルデザインの公園に導入されていて、子どもたちにも人気です。

左の写真はオーストラリアで初めて見かけた際に撮影したもの、右の写真はその５年後にアメリカの公園で撮影したもの。おや？ よく見ると新たな工夫が加えられています。

床面に中心へ向かって低くなるよう溝を付けることで、回転中に車いすやバギー、ベビーカーが外側へと引っ張られる遠心力を低減。また背後のバーはシングルからダブルに変更し、より小さな車いすも外へ振り出されないようしっかりとガード！

ユニバーサルデザインは常に進化し続けています。

色のユニバーサルデザイン

日本では男性の 20 人に一人、女性の 500 人に一人が、他の人と色の見え方が異なる色覚障害（色弱）といわれ、主な色覚タイプは一般的なＣ型の他に、Ｐ型、Ｄ型、Ｔ型などがあります。さまざまな色覚特性を持つ人の色の見え方を体験できる色覚シミュレーションツールの一つがアプリ「色のシミュレータ」。

写真は、遊具やその周りの地面を異なる色で塗り分ける工夫がされた

遊び場を、このアプリでのぞいてみたもの。左上の一般的な見え方に加え、他の 3 つの色覚タイプの人にも地面の色の違いや遊具自体が認識しやすいことがわかります。

これとは対照的な例として、緑の芝生のブランコエリアに赤い境界柵が設置され、D 型の人にとっては両者が同じ黄土色に見えてしまうといったケースも。これではブランコに駆け寄る子どもが柵に気づかずぶつかってしまう危険があります。

色を選ぶ際のちょっとした配慮で、遊びや勉強、生活、仕事が安全で快適になる人が日本に 300 万人以上もいます。みなさんもこうしたツールを使って、身の回りの物や街の様子を色のユニバーサルデザインの観点からチェックしてみては？

（注：障害の程度や色の感じ方には個人差があり、すべての色覚障害の人がツールで示された通りの色の見え方をしているわけではありません。）

子どもたちが気づかせてくれること

アメリカ・ロサンゼルスのインクルーシブな公園 “Shane's Inspiration” で、障害のある子どもや家族たちの参加するプレイイベントが賑やかに開催されている最中、おそろいの青い T シャツを着たアジア系の子どもと大人のグループが遠足にやってきました。イベントがあることを知らずに来訪したようで、引率者たちは少し戸惑いの表情を見せながらも遊び場に合流。しかし 2 つのグループはなんとなく分かれて遊んでいました。

そんな中、滑り台に夢中だった青い T シャツの小さな男の子が、車いすユーザーの少年が連れた介助犬を見つけて興味津々！ 付添いの女性が遠慮がちに距離を置こうとするのもお構いなしに、その手を引いてぐんぐん近寄ります。（右の写真）

「やあ！」。車いすに乗る少年が気さくに応じると、安心した笑顔で犬に手を伸ばす男の子。介助犬がゆっくりと尻尾を振って挨拶をします。2 人の様子につられて周りの大人たちもにこやかに言葉を交わし始めました。

ユニバーサルデザインの公園にはさまざまな出会いがあり、それをリードするのはたいてい子どもの方です。

いつしか 2 つのグループは混ざり合って遊んでおり、公園にいるのはただ “生き生きと遊ぶ多様な子どもたち” だけであることに気づきました。

資　料
References

すでに多くの人が力を合わせて夢の公園を実現しています。そこでは障害の有無などを問わずあらゆる子どもが一緒に生き生きと遊び学んでおり、地域の多様な人々の交流の輪が広がっています。
ユニバーサルデザインの遊び場づくりの実践に向けた資料として、簡単なチェックシートや海外での取り組み、先駆者へのインタビューなどをご紹介します。

資料１：ユニバーサルデザインの遊び場チェックシート

既存の遊び場、または計画中の遊び場において、デザインの各項目を「ユニバーサルデザインの遊び場の５原則」の視点で自由に検討するためのチェックシートです。遊び場におけるユニバーサルデザインの評価や新たな発想の手掛かりとしてご利用ください。

項目		ユニバーサルデザインの遊び場の５原則					コメント
		アクセシビリティ	選択肢	インクルージョン	安心・安全	楽しさ！	
遊びのデザイン	遊び場の概要						
	ブランコ						
	振れ動く遊具						
	回る遊具						
	バランス遊具						
	滑り台						
	登り遊具						
	複合遊具						
	砂遊び						
	水遊び						
	自然遊び						
	粗大運動を伴う遊び						
	微細運動を伴う遊び						
	感覚的遊び						
	社会的遊び						
場のデザイン	公園へのアクセスと安全						
	出入り口						
	外周の囲い						
	園　路						
	地　面						
	ベンチ・座る場所						
	水飲み場・手洗い場						
	トイレ						
総合コメント							

資料2：ユニバーサルデザインの遊び場づくりにおける住民参加

ユニバーサルデザインの遊び場づくりで大きな役割を果たすのが、地域の人々の主体的な関わりです。
海外で実践されてきたさまざまな形の住民参加の例をご紹介します。

要 請

小学生の女の子の新聞投稿が町を動かす！「私には大好きな友だちがいます。でも一緒に遊ぶことができません。彼女は障害があって今の遊び場は使えないからです。遊び場を、私たちが毎日一緒に楽しめる場に変えてください」

障害のある子どもの親が、**誰もが一緒に遊べる公園の設置要望書**を自治体に提出！

計 画

障害のある子どもの親や支援者らが公園の多様なニーズを**インタビュー調査！**

さまざまな親子が国内外の**ユニバーサルデザインの遊び場を訪れて体験！**
どんな遊具や工夫が有効かを自分たちで調べ、遊び場の計画に反映する。

設 計

遊び場の建設資金に充てるため、**地域の子どもや大人、商店、企業が募金活動！**

地元の遊具メーカーが障害のある子ども、親、療法士らと協働し、**インクルーシブなブランコシートを開発！**

施 工

地元の芸術家が特別支援学校の生徒たちと遊び場の**タイル壁画を制作！**

建設期間中の10日間を利用し、住民ボランティアが遊具の設置などを行う**『コミュニティー・ビルド』を実施！** 延べ3500人が建設作業に参加した他、地元のスーパーやレストランが飲み物や食事を差し入れるなど町ぐるみで協力。

完 成

遊び場の完成を祝って、多様な子どもたちが**ステージで歌やダンスを披露！**
地元スポーツチームの人気マスコットキャラクターも駆けつけ盛り上がる。

オープニングイベントの参加者に地域の大人たちが**バーベキューをふるまう！**

運 営

遊び場で多様な子ども向けの**スポーツやアートのワークショップを開催！**
地域の障害のあるアスリートや芸術家も講師役で参加。

公園前に、**障害のある人とない人が一緒に働くコーヒースタンドを開設！**
親子連れをはじめ地域の人々で賑わう。

資料3：海外の取り組み紹介

「私たちは公園に行くことを諦めてきた。
でも、ここができて大きく変ったわ。息子は友だちと一緒に生き生きと遊べるようになったの！」

— 公園で出会った障害のある子どもの母親

「市に遊び場づくりを掛け合うのは大変だったけれど、今では逆に感謝されてるのよ。
街の代表的な公園にインクルーシブな遊び場があることは、市にとっても大きな PR になるから」

— M. ノリス（Shane's Inspiration）

「ユニバーサルデザインの公園は子どもたちに、そして彼らの将来に大きく貢献できる。だからつくった大人たちもここを誇りにしているんだ」

— J. スタッツォ（Boundless Playgrounds）

「誰もが遊べる公園づくりは、夢に向かう長い旅だよ。
その道のりは遠く険しい。
けれど力を尽くすだけの価値がある」

— B. ソーントン（Shane's Inspiration）

みーんなの公園プロジェクトでは海外の先進事例に学ぶため、これまでアメリカ、オーストラリア、イギリス、カナダで 30 か所以上のユニバーサルデザインの遊び場を訪れ、調査を行ってきました。取材をした中から 3 つの事例を取り上げ、活動団体やプロジェクトの概要とインタビューの一部をご紹介します。

1）非営利団体 バウンドレス・プレイグラウンド（アメリカ）

2）非営利団体 シェーンズ・インスピレーション（アメリカ）

3）オール・アビリティズ・プレイグラウンド・プロジェクト（オーストラリア）

1）非営利団体 バウンドレス・プレイグラウンド（アメリカ）
Boundless Playgrounds

1997 年に設立された NPO で、後にアメリカで広がるユニバーサルな遊び場づくりの草分け的存在。1995 年、幼い息子ジョナサンを病気で亡くした A.J. バルザックさんが悲しみを乗り越え意義のあることに取り組もうと、障害のある子どもとない子どもが一緒に遊べる公園づくりを決意したことに端を発する。彼女は以前、息子と行った近所の公園の片隅で、車いすに乗る女の子が他の子どもたちの遊ぶ様子を涙をこらえて見つめる姿を目にしていた。バルザックさんは「息子が生きていればきっと車いすの生活だったでしょう。そして彼女のように遊びたい気持ちを胸に抱えひとりぼっちで園路に立ち尽くしたはずです。誰もが遊べる公園づくりこそ私たちのやるべきことだと思いました」と語っている。彼女は夫や友人らと 1200 人のボランティアの協力を得て、コネチカット州に夢の公園 “Jonathan's Dream” を完成。ある雑誌がこの公園を紹介する小さな記事を載せたところ、全米の何百という個人、団体、学校から「私たちもこんな遊び場がほしい」と協力を要請する声が寄せられ NPO の創設に至る。個別の障害ではなく子どもの遊びのニーズに基づく設計や、地域住民による公園づくりプロセスを重視し支援に当たった。アメリカに数多くのユニバーサルな遊び場をつくるとともに、各地で同様の NPO が立ち上がるきっかけともなった同団体は、2014 年に活動を終了。

＜先駆者の言葉＞
「真のニーズ」に応えて楽しめる場に

(日本の“ユニバーサルデザイン”の遊び場の写真を見て次々と課題を指摘した後で…)

「障害のある子どもが公園で遊べない事態を問題と捉えて工夫が加えられたこと自体は素晴らしいと思います。アメリカでもそうですが、今までほとんどの公園が彼らをただ置き去りにしてきたのですから。しかし実際に多様な子どもの『真のニーズ』に応えるには、さらなる配慮が必要ですね」

「例えば車いすに乗る子どものために遊具にスロープを付けることは多くの大人が考えつく。でもスロープで上がった先が子どもたちの本当に楽しめる場所になっていなければ、せっかくだがそのスロープにはまるで意味がないんですよ。

私たちはそれを “Ramps to Nowhere/ どこへも行けないスロープ” と呼んでいます。**誰もが利用できるユニバーサルな遊び場の目的は、障害児をアクセスさせることじゃない。あらゆる子どもが生き生きと遊べるようにすることです**」

2006 年
シニアスタッフ
J. スタッツォさんへのインタビューより

2）非営利団体 シェーンズ・インスピレーション（アメリカ）
Shane's Inspiration

カリフォルニア州に拠点を置きアメリカ西部を中心にインクルーシブな遊び場づくりを支援するNPO。メキシコ、イスラエル、カナダ、ロシアなど海外での実績も持つ。創設者であるC.ウィリアムズさんは、難病で幼い息子シェーンを亡くした経験から「どの子どもにも遊ぶ機会が与えられるべき」との信念を抱き、友人のT.ハリスさんらと活動を開始。2000年に最初の遊び場“Shane's Inspiration”を完成させて以来、同団体が手掛けた遊び場は65か所を超え、さらに国内外で新たな計画が進行中（2017年現在）。この団体の特徴は、インクルーシブな遊び場をつくるだけでなくそれらを利用したプログラムにも力を入れている点。地域の多様な親子向けのプレイイベントの定期開催や、一般の学校に通う子どもと障害のある子どもが一緒に遊ぶ学校教育プログラムなどを提供し、あらゆる子どもに遊ぶ機会をもたらすとともに、障害による偏見を取り除き相互理解を深める場の創出に貢献している。

学校教育プログラム
” Together, We Are Able®”

Shane's Inspirationが一般の学校向けに提供している、障害のある子どもの社会的インクルージョン促進のための教育プログラムの一つ。インクルーシブな遊び場で障害のある子どもと一緒に遊ぶ校外活動と、その前後にスタッフが学校で行う授業とがセットになった３日間の企画。

初日は教室での事前授業(60分)。DVDの視聴やグループディスカッションなどを通し、子どもたちは障害のある人に対する先入観や誤解を徐々に解いていく。

２日目はバスで公園を訪れて障害のある子どもと対面し、２～３人ずつのグループを組み一緒に遊ぶ活動。教師やスタッフは障害のある子どもについて「彼女は車いすに乗っているよ」「彼は言葉は話さないけれど、君の言うことは理解しているよ」といった簡単な紹介をするだけで、後は子どもたちが遊ぶのを離れて見守る。彼らが「どうしよう？」と悩む事態は起こるが、ほとんどの場合、お互いに努力して解決法を見つけたりさらに面白い遊びを考え出したりするという。工夫された環境と子ども同士の関わりによって障害のある子どもが思いがけない力を発揮するなど、教師たちの方が驚かされることも多いそう。こうして遊び場は子どもたちの笑顔と歓声で賑わう。

３日目はふたたび教室でのフォローアップ授業(45分)。当初は障害のある人に対して「かわいそう」「気の毒だ」という印象を持っていた子どもたちが、生き生きとした表情で「○○ちゃんも私と同じで、公園で遊ぶのが大好きだったの。すごく楽しかった！」「○○さんは思ってることを表情で伝えるんだ。言葉じゃなくてもちゃんと伝わるよ」「○○くんもぼくも一緒だってことに気づいた。やり方が違うだけさ」と語る姿を見るのは、スタッフにとってもっとも嬉しい瞬間だという。このプログラムは、子どもたちが自身の体験を通して人の多様性やインクルーシブな社会の価値を理解する貴重な機会となっている。

<先駆者の言葉>

遊び場はすべての人に利用されてこそ

「映画『フィールド・オブ・ドリームス』に『If you build it, they will come. / それをつくれば、彼らがやって来る』というセリフがありますよね。インクルーシブな公園と障害のある子どもについて私たちはこう考えています。

If you build it, they will NOT come.
/ それをつくっても、彼らはやって来ない」

「第1の理由として、障害のある子どもやその家族たちは、既に『アクセシブルな遊び場』という言葉を信用できなくなってしまっているんです。こうした触れ込みの公園は増えていますが、実際に行ってみるとがっかりするようなスロープが一本あるだけだったり、障害のある子どもがみんなと一緒に遊べるわけではなかったりと、今まで期待を裏切られることがあまりに多かったからです」

「『インクルーシブな公園をつくれば彼らが来るわけではない』という第2の理由は、子どもたちをそこに連れて行くこと自体に困難があるためです。車いすや歩行器、その他の準備物…身軽に公園に行ける子どもばかりではないし、車を持っていない家庭もあります。私たちは遊び場をつくるだけでなく、例えば公園前に停まる路線バスをリフト付きにしてもらうなど近隣の公共交通機関の整備を働きかけたり、公園でプレイイベントを開き無料の送迎バスを出したりして、できるだけ多くの人が遊び場を利用できるよう努めています」

「真のユニバーサルな遊び場をつくること、それは第一歩にすぎません。さらに大切なのは、実際に多様な人々にそこを利用してもらうことなんです」

「If you build it, they will NOT come. / それをつくっても、彼らはやって来ない。決して、『つくっても無駄だ』と言っているのではありません。せっかくの公園を活かすために、他にもできることがあるという意味です。実際に私たちの公園を訪れた人は、すぐにその素晴らしさを理解してくれます。障害がある人もない人もね。そして往復に数時間かけてでも、繰り返しここに通ってくれるようになるのですから」

2007年
事業開発ディレクター
B. ソーントンさんへのインタビューより

3）オール・アビリティズ・プレイグラウンド・プロジェクト（オーストラリア）
Queensland All Abilities Playground Project

クイーンズランド州が 2007 年から実施した障害の有無を問わないすべての子どものための遊び場づくりプロジェクト。500 万豪ドル (約 4.8 億円) の予算をもとに、州政府が各地でインクルーシブな遊び場の建設費用の一部を負担し、州障害者局のプロジェクトチームがそのプロセスを支援するというもの。誰もが遊びを通してきょうだいや友だちと共に学び、育ち、発達できるよう、すべての子どもに平等なアクセスと遊びへの参加を提供できる革新的な遊び場づくりを目指した。事業に応募し選ばれた州内の 16 か所で、それぞれ障害のある子どもや家族を含む地域住民、地方行政、公園関連企業らが協働し、インクルーシブな遊び場が完成。

＜先駆者の言葉＞

地域のさまざまな人と共に

「地域によって求められる公園の姿はさまざまです。だからどの公園も地元の人々のニーズにしっかりとフォーカスして計画する必要がある。そこで各自治体はワークショップなどを行い、さまざまな住民から出された意見やアイデアに基づいて独自に遊び場をデザインしています。今ちょうど、それらの設計案が送られてきているところですが、とてもバラエティに富んでいて、私たちが思いもつかなかったようなアイデアが盛り込まれているんですよ」

「多様な親子や住民が計画、設計、建設の場面に参画することで公園はより良いものになるし、人々の間には『自分たちの公園』という愛着や誇りが生まれる。それにこうしたプロセスを経てつくられる公園は多くの人に利用され、多様な子どもに貢献できるだけでなく、地域の大人たちの交流の輪を広げるきっかけにもなるんです」

2008 年
州障害者局　プロジェクトマネージャー
L. スタッフォードさんへのインタビューより

プロジェクトを振り返って

2011 年
L. スタッフォードさんへの
メールインタビューより

Q: Queensland All Abilities Playground Project（以下 QAAPP）の事業が実施された背景をあらためて教えていただけますか？

A: All Abilities Playground のアイデアは 2004 年に生まれました。少額ながら、家族で楽しく憩える場所づくりの予算がついたのです。私はそれまで障害のある人と都市環境に関する仕事をしていて公園のバリアや課題に気づいていたので、多様な子どもとその家族のニーズに応える遊び場づくりこそ有効な資金の使い道だと考えました。早速いろいろな家族に調査をしてアイデアを固めたうえで市との協働も取りつけ、その年の後半には遊び場づくりのワーキンググループを結成しました。メンバーは障害のある子どもや家族、作業療法士、ランドスケープアーキテクトや建設管理者を含む自治体職員、外部の設計者、製造業者らで構成され、この参加型プロセスが遊び場づくり成功への鍵となりました。地域住民からも大きな支援を得て、2006 年にインクルーシブな遊び場 “Pioneer Park” が完成しました。

この遊び場が評価されて All Abilities Playground のコンセプトを州全体に広げることが選挙公約にも上り、大きな予算がついたのです。私は翌年から QAAPP のコンセプト開発に取り掛かり、16 か所での遊び場づくりを率いてきました。プロジェクトチームは 2010 年に解散したのですが、現在 12 の公園がオープンし、残る 4 つも完成に向け進行中です。（この後、すべての公園が完成）

Q: インクルーシブな遊び場づくりで重要な要素は何ですか？

A:「すべての子どもが遊べる」「家族をしっかりと支える」「地方行政と産業界に学びと発展をもたらす」の 3 つのキーコンセプトを持った参加型のデザインプロセスだと思います。各コンセプトは次のようなものです。

1．すべての子どもが遊べる

「遊べる」とは、どの子どもも価値と目的を持った遊びを体験できることです。これまで障害のある子どもたちは他の子どもが遊ぶのをただ見ているだけか、申し訳程度のプレイパネルに追いやられてしまって、公園でたびたびつまらない思いをしてきました。

「遊べる」ためにはまず、遊び環境を構成するすべてのスペースや要素にアクセスできる連続した通り道が必要です。これにより子どもは仲間と同じ空間にいられるだけでなく、車いすユーザーや歩行の不安定な子どもも自由に動き回り、鬼ごっこなどの集団遊びにも参加できるようになります。

さらに障害や年齢を問わずあらゆる子どもに

いろいろなタイプの遊びを体験する選択肢と機会が提供されなければなりません。自然物であれ人工物であれ、子どもの遊び場には多様性、遊びの価値、そして挑戦が必要です。

2. 家族をしっかりと支える

これは家族全員で楽しんだり、日々の生活から離れてほっと一休みしたりできる安全で自由な環境を提供することです。なかでも子どもがたくさんいたり、重い障害のある人がいたりする家族のニーズはぜひとも満たされるべきです。こうしたニーズが見過ごされ苦労させられる場所には、多くの家族が出かけるのをやめてしまいます。

3. 地方行政や産業界に学びと発展をもたらす

これは行政と企業の協働で新しい知識や技術を構築し、子どもや障害、遊び場に関する考え方やデザイン実践をシフトさせるということです。プロジェクトでの学びが、今後彼らのつくる新しい施設や環境にも活かせるようにとのねらいがあります。

また参加型デザインプロセスですが、その強みは公園を利用する側の住民と同様につくる側の行政や企業もしっかりと巻き込んでいる点にあります。お互いを尊重し学び合い協働することが、成功に不可欠な要素です。

Q: 行政や企業に対してはどのような支援を行ったのですか？

A: まず理解の促進を図るため「QAAPP デザインフレームワーク」を作成しました。この資料の目的は次の 3 つです。

1) 子どもや家族が従来型の公園で直面しているバリアに対する認識を高める
2) 参加型アプローチの内容を明確にし、デザインプロセスへの適用法を示す

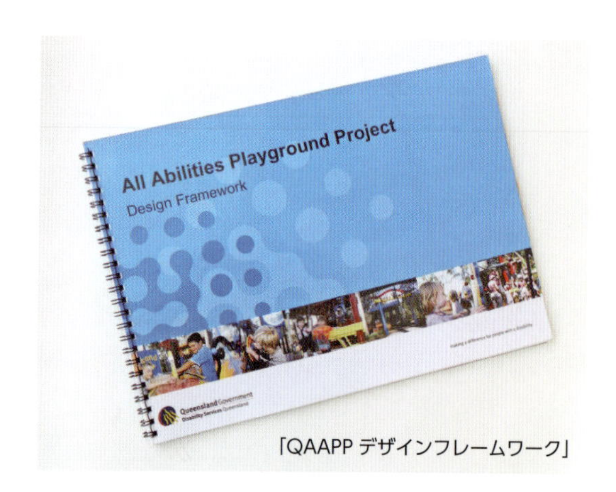

「QAAPP デザインフレームワーク」

3) 先行事例である“Pioneer Park”での実践を紹介する

また、大きく分けて次の 2 種類の継続的サポートを行いました。

参加型アプローチ充実のために

行政への具体的なスキルやツールの提供、「デザインフレームワーク」の活用指導、参加型の取り組みにおける計画策定の補助、住民向けワークショップなどのファシリテーション、遊びやまちづくりの専門家の派遣など。

デザイン向上のために

州をまたいだ遠隔会議方式での教育ワークショップ（専門家による遊び場のデザインと安全性に関する講義)、遊び環境の質を高める設計解の提示、専門家の協力のもと図面評価と課題に対する技術的解決策の提示、行政間の情報共有プログラムの策定、詳細設計の協力者として地域の理学療法士や作業療法士の活用など。

Q: 地域住民はどのような形でプロジェクトに参加したのですか？

A: 各自治体は新しい遊び場のデザインに住民の希望を反映させるため、地域を包括的に巻き込む戦略を立てました。その住民参加の戦略に

必要だったのは、多様な手法と機会の提供です。住民は一人ひとり異なり、違う好みを持ち、自分の考えやニーズ、嫌なことを自分の望む方法で表明したいと思っています。例えば子どもたちからはアクティビティ中心の手法の方が良い反応が得られますし、コミュニケーションに障害がある人は自分の意見を表す独自の手段を持っている場合もあるので、私たちはそれを可能にする必要があります。

いろいろな手法を組み合わせ、次のような多様な機会を設けました。重要なステークホルダーを対象としたグループインタビューや1対1のインタビュー、地元の州立・私立小学校や特別支援学校などでのワークショップ、子育てグループや教師と親のグループなどを対象としたワークショップ、住民からのフィードバックに沿ってデザインプランを改良するためのワークショップなどです。こうした機会を通して、地域の人々は自分たちの遊び場の計画や設計に直接関わることができました。

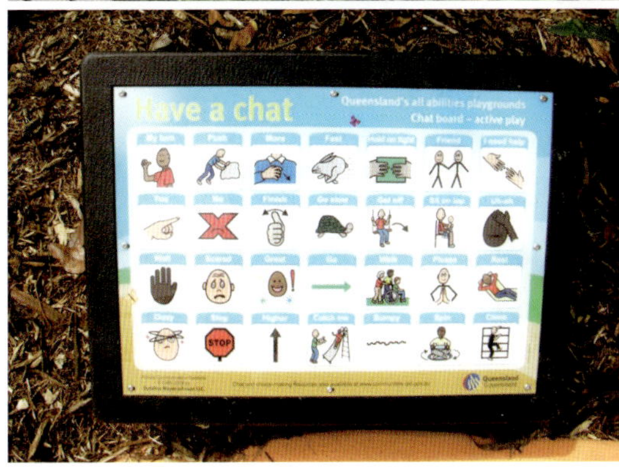

Q: 日本でもインクルーシブなデザインに対する認知は広がっていますが、子どもの遊び環境においてはまだ不十分です。何かアドバイスをいただけますか？

A: 諦めないこと。 粘り強さと忍耐力が大切です。従来の前提を変えるには時間がかかるものです。

教育と積極的支援が鍵！ 変化を引き起こすには、実地の経験から知識と技術を生むのが一番です。多様な子どもにフレンドリーな環境をどうつくるべきか、産業界の理解はまだ低いので。

妥協しないこと。 物事を決定する際、常にすべての子どもを最優先に考えることです。妥協はしばしば子どもにとって遊ぶ権利の喪失を意味します。

Q: ありがとうございます。最後に、スタッフォードさんにとって、この分野での今後の課題や目標を教えてください。

A: プロジェクトを終えて課題と感じるのは、遊びにおける安全性とアクセシビリティとの技術仕様にはギャップがあり、産業界に規定がないことです。オーストラリアでは今年、建築基準法に公共施設へのアクセスが盛り込まれましたが、これは子どもの遊び環境へは適用されません。子どもたちのために遊び場や近隣の通りを含む都市空間を国全体で変えていくよう、今後も提唱を続ける必要があります。私のもう一つの課題は、自分の知識をより多くの人と共有し新たなツールやリソースを開発するための資金を得ることです。All Abilities Playground をオーストラリアに、そして世界に広げていくために。

—— 貴重なお話をありがとうございました。

参考文献

条約・文書・法律

- 国連・子どもの権利条約　第31条

1989年採択
1994年批准

1　締約国は、休息及び余暇についての児童の権利並びに児童がその年齢に適した遊び及びレクリエーションの活動を行い並びに文化的な生活及び芸術に自由に参加する権利を認める。

2　締約国は、児童が文化的及び芸術的な生活に十分に参加する権利を尊重しかつ促進するものとし、文化的及び芸術的な活動並びにレクリエーション及び余暇の活動のための適当かつ平等な機会の提供を奨励する。

- 国連・障害者の権利条約　第30条

2006年採択
2014年批准

5　締約国は、障害者が他の者との平等を基礎としてレクリエーション、余暇及びスポーツの活動に参加することを可能とすることを目的として、次のことのための適当な措置をとる。

(d) 障害のある児童が遊び、レクリエーション、余暇及びスポーツの活動（学校制度におけるこれらの活動を含む。）への参加について他の児童と均等な機会を有することを確保すること。

- 国連・子どもの権利委員会　一般的意見9号　「障害のある子どもの権利」

2006年採択

70. 条約は、第31条で、子どもの年齢に適したレクリエーション及び文化的な活動に対する子どもの権利を定めている。同条は、子どもの精神的、心理的及び身体的な年齢及び能力を含めて解釈されるべきである。遊びは、社会的スキルを含むさまざまなスキルを学ぶ最良の機会として認知されてきた。障害のある子どもの社会への完全なインクルージョンの達成は、子どもたちが（障害のある子どももない子どもも）一緒に遊ぶ機会、場所及び時間を得ることで実現される。学齢期の障害のある子どもに対しては、レクリエーション、余暇及び遊びのための指導が含まれるべきである。

- 国連・子どもの権利委員会　一般的意見17号　「休息、余暇、遊び、レクリエーション活動、文化的生活及び芸術に対する子どもの権利」

2013年採択

Ⅷ.58.(e) ユニバーサルデザイン：インクルージョンを促進し、障害のある子どもを差別から保護する義務に沿って、遊び、レクリエーション、文化、芸術及びスポーツのための施設、建物、設備及びサービスに関するユニバーサルデザインへの投資が必要である。国は、国以外の主体に対して、すべての資料及び場所の計画及び制作におけるユニバーサルデザインの実施（例:学校においてを含む、車いすユーザーが利用するアクセシブルな出入り口及び遊び環境のインクルーシブな設計）の確保を働きかけるべきである。

- 障害を理由とする差別の解消の推進に関する法律（略称：障害者差別解消法）

2013年制定
2016年施行

第一条 この法律は、障害者基本法（昭和四十五年法律第八十四号）の基本的な理念にのっとり、全ての障害者が、障害者でない者と等しく、基本的人権を享有する個人としてその尊厳が重んぜられ、その尊厳にふさわしい生活を保障される権利を有することを踏まえ、障害を理由とする差別の解消の推進に関する基本的な事項、行政機関等及び事業者における障害を理由とする差別を解消するための措置等を定めることにより、障害を理由とする差別の解消を推進し、もって全ての国民が、障害の有無によって分け隔てられることなく、相互に人格と個性を尊重し合いながら共生する社会の実現に資することを目的とする。

第三条 国及び地方公共団体は、この法律の趣旨にのっとり、障害を理由とする差別の解消の推進に関して必要な施策を策定し、及びこれを実施しなければならない。

第四条 国民は、第一条に規定する社会を実現する上で障害を理由とする差別の解消が重要であることに鑑み、障害を理由とする差別の解消の推進に寄与するよう努めなければならない。

第五条 行政機関等及び事業者は、社会的障壁の除去の実施についての必要かつ合理的な配慮を的確に行うため、自ら設置する施設の構造の改善及び設備の整備、関係職員に対する研修その他の必要な環境の整備に努めなければならない。

■ 指針・規準・ガイド

- 「都市公園の移動等円滑化整備ガイドライン（改訂版）」国土交通省
- 「都市公園における遊具の安全確保に関する指針（改訂第２版）」国土交通省
- 「遊具の安全に関する規準 JPFA-SP-S:2014」一般社団法人 日本公園施設業協会
- "2010 ADA Standards for Accessible Design" Department of Justice (USA)
- "Developing Accessible Play Space -A Good Practice Guide" Office of the Deputy Prime Minister (GBR)
- "The Good Play Space Design Guide" Department for Victorian Communities, PRAV (AUS)
- "Inclusive Play Design Guide" PLAYWORLD SYSTEMS (USA)
- "7 Principles of Inclusive Playground Design" PLAYCORE (USA)

■ 書　籍

- ロビン・ムーアほか編著（1995）『子どものための遊び環境』（吉田鐵也・中瀬勲訳）鹿島出版
- 一般社団法人 日本公園緑地協会（2017）『ユニバーサルデザインによるみんなのための公園づくり［改訂版］ ―都市公園の移動等円滑化整備ガイドライン（改訂版）の解説』
- 財団法人 都市緑化技術開発機構 公園緑地バリアフリー共同研究会編（2000）『公園のユニバーサルデザインマニュアル』鹿島出版
- 松野敬子、山本恵梨（2006）『楽しく遊ぶ 安全に遊ぶ 遊具事故防止マニュアル』かもがわ出版
- 奥田陸子編著・監修（2009）『ヒア・バイ・ライト（子どもの意見を聴く）の理念と手法』萌文社

関連資料

- 「知的障害、発達障害、精神障害のある人のための施設整備のポイント」国土交通省
- “Inclusive Play: CPIS Factsheet 8” National Children's Bureau (GBR)
- “Inclusive play and disability” Play Wales (GBR)
- “All Abilities Playground Project -Design Framework” Disability Services Queensland (AUS)
- “What makes a park inclusive and universally designed?” Robin C. Moore and Nilda G. Cosco (USA)

掲載写真について

- 撮影場所：

  ＜国内＞淡路島国営明石海峡公園(兵庫)、岡山県総合グラウンド(岡山)、国営木曽三川公園(岐阜)、国営昭和記念公園（東京)、国営備北丘陵公園（広島)、とだがわこどもランド（愛知)、練馬区立豊玉公園（東京)、服部緑地（大阪)、富士山こどもの国（静岡)、藤野むくどり公園（北海道)、弓ヶ浜公園（鳥取）

  ＜海外＞ Artists at Play Playground (WA.USA), Brandon's Village (CA.USA),Centenary Hospital for Women and Children (ACT.AUS), Children's Hospital at Westmead (NSW.AUS), Darling Harbour Children's Playground (NSW.AUS), Devon's Place (CT. USA), Diana, Princess of Wale's Memorial Playground (London.GBR), Discovery Playground (WA.USA), Evergreen Rotary Park (WA.USA), Helen Diller Playground (CA. USA), Kitsilano Beach Park Playground (BC.CAN), Koret Children's Quarter (CA,USA), LATCP Accessible Park and Playground (NY.USA), Lincoln Park (CA.USA), Livvi's Place Five Dock (NSW.AUS), Livvi's Place Ryde (NSW.AUS), Millstone Creek Park (OH.USA), Miner's Corner County Park (WA.USA), Mossman All Abilities Playground (QLD. AUS), Muddy's Playground (QLD,AUS), Neil Papiano Play Park (CA.USA), Pioneer Park All Abilities Playground (QLD AUS), Pod Playground (ACT.AUS), Preston's H.O.P.E. (OH.USA), Rocket Park (Hillingdon.GBR), Rotary Park (CT.USA), Salmons Bay School (WA.USA), Seattle Children's PlayGarden (WA.USA), Shane's Inspiration (CA. USA), Sugarworld All Abilities Playground (QLD.AUS), Sydney Children's Hospital Randwick (NSW.AUS), Themes Valley Adventure Playground (Berks.GBR), Wegmans Playground (NY.USA), Whistler Olympic Plaza Playground (BC.CAN)

  （注：ユニバーサルデザインの遊び場としてつくられたのではない公園も含まれています）

- 撮影者：みーんなの公園プロジェクト
- 撮影期間：2004 年～ 2015 年

ユニバーサルデザインの公園づくり

みーんなの公園プロジェクト

「てっぺんで会おう！」は、「みーんなの公園プロジェクト」のスローガンです。多様な子どもがそれぞれの方法で遊具のてっぺんに登り笑い合う姿に象徴されるように、楽しい体験を誰もが公平に享受できる遊び場を目指したい、またさまざまな人とアイデアを持ち寄りながらユニバーサルデザインの遊び場というはるかなてっぺんを目指し続けたいとの思いを込めています。

「みーんなの公園プロジェクト」は、障害の有無などにかかわらずすべての子どもが、自分の力を生き生きと発揮しながら、さまざまな友だちと共に遊び学べる公園づくりを目指す市民グループと、その活動の総称です。

■名　　称：みーんなの公園プロジェクト
■設　　立：2006年8月
■メンバー：柳田宏治（代表 倉敷芸術科学大学教授）・林卓志（岡山県立岡山東支援学校教諭）・矢藤洋子（事務局）
■協　　力：近藤真生（morphosis.jp）・吉井誠（株式会社アイ・エス・ティ）・Gabriela Rzepecka（イラストレーター）
■活動内容：ユニバーサルデザインの遊び場に関するニーズ調査、国内外の公園現地調査、専門家への取材、関連資料の収集・翻訳、ガイドの作成、ウェブ・印刷物による情報の発信、自治体や企業などへの提案・協力

みーんなの公園プロジェクト
〒700-0807 岡山市北区南方2丁目13-1
岡山県総合福祉ボランティアNPO会館 ゆうあいセンター気付
www.minnanokoen.net　　www.facebook.com/minnanokoen

あとがき

「公園はみんなのための場所」であると広く認知されています。しかし障害を理由にそこで遊ぶことが許されなかった子どもたちがいます。子どもが子どもでいられない場所──。自分が自分でいられない場所──。そこは本当にみんなのための場所だったでしょうか。

公園を、これまで「利用者」から取りこぼされていた多様な子どもや家族も含めたすべての人のための場所に。「みーんなの公園プロジェクト」はそんな思いから生まれた活動です。

このガイドづくりは、公園の専門家ではない私たちには高いハードルでしたが、障害のある方やそのご家族をはじめ、教育 / 障害者支援 / 子育て支援に携わる方、公園整備 / 遊具開発に携わる方、また海外で遊び場づくりを実践する方など多くの皆さまのご協力を得て完成することができました。

光栄にもガイドは子どもの環境づくりや遊びの専門家の方からも高い評価をいただいています。そのなかでもっとも胸に響いたのは、「ようやく日本にもこのようなガイドが誕生した」という言葉でした。

日本はものづくりやまちづくりにおける細やかな技術と工夫でユニバーサルデザインの先進国と評されながら、公園の遊び場では長らく大きな進展がみられませんでした。アメリカなどでは 20 年以上も前から取り組まれ、さまざまな挑戦が目覚ましい進化へとつながっています。また近年ではシンガポール、香港、台湾といったアジアの各地でもインクルーシブな遊び場づくりのムーブメントが起き始めています。

本書は岡山の小さな市民グループのチャレンジで生まれたものです。今後、多くの人々の知識と経験、意見とアイデア、そして革新的な実践により遊び場のユニバーサルデザインのスパイラルアップが進み、この国でもすべての子どもに豊かな遊びの機会が保障される日が来ることを切に願っています。

最後になりましたが、日頃から私たちの活動を支え、本書の出版にまでつなげてくださった皆さまに心より感謝いたします。なかでも活動を開始した当初からウェブサポートやデザインで惜しみない協力をしてくださっている近藤真生さん、吉井誠さん、Gabriela Rzpecka さん、また障害者の権利やユニバーサルデザイン、子どもと遊びなどそれぞれの観点から貴重なご助言をいただき道を示してくださった東洋大学の川内美彦先生、立命館大学の長瀬修先生、IPA の奥田陸子さん、そして出版をお引き受けくださり煩雑な編集作業にお付き合いいただいた萌文社の永島憲一郎さんに厚くお礼を申し上げます。

著者一同

■ 著者プロフィール

柳田宏治（やなぎだ・こうじ）

倉敷芸術科学大学教授。家電メーカーのデザイン部門を経て2004年より現職。1994年-1996年に米国にてユニバーサルデザインの動向を調査した後、国内でのユニバーサルデザインの普及啓発活動を行う。『ユニバーサルデザイン実践ガイドライン』（共著、共立出版、2003）、『エクスペリエンス・ビジョン：ユーザーを見つめてうれしい体験を企画するビジョン提案型デザイン手法』（共著、丸善出版、2012）など。

林卓志（はやし・たくし）

岡山県立岡山東支援学校教諭。大学在学中に養護学校（現在の特別支援学校）の子どもたちと出会ったことで障害者に関わる職を目指し、特別支援学校で肢体不自由児のほか、知的障害児や重度重複障害児などの教育に携わっている。障害のある子どもや家族、支援者の立場からユニバーサルデザインの遊び場に多様なニーズを反映させるための活動をしている。

矢藤洋子（やとう・ようこ）

おかやまユニバーサルデザインシニアアドバイザー。特別支援学校の教員を経て、2003年-2004年にアメリカでユニバーサルデザインの遊び場づくりに出会う。以来、国内外のインクルーシブな公園の調査や関連情報の収集・発信などの活動を行っている。

すべての子どもに遊びを
ユニバーサルデザインによる公園の遊び場づくりガイド

2017年9月25日　初版発行

編　著　みーんなの公園プロジェクト
　　　　柳田　宏治／林　卓志／矢藤　洋子

発行者　谷安正

発行所　萌文社

〒102-0071 東京都千代田区富士見1-2-32 東京ルーテルセンタービル202
TEL　03-3221-9008
FAX　03-3221-1038
Email　info@hobunsya.com
URL　http://www.hobunsya.com/
郵便振替　00910-9-90471

装　丁　椙澤清次郎（アド・ハウス）

印　刷　シナノ印刷株式会社

ISBN:978-4-89491-335-6

萌文社の本

好評既刊本　http://www.hobunsya.com/

ロジャー・ハート［編著］、木下勇・田中治彦・南博文［編集］、IPA 日本支部［訳］

子どもの参画

―コミュニティづくりと身近な環境ケアへの参画のための理論と実際

●A4変・並製／二三二頁／本体3,200円

子どもは社会の構成員として、大人のパートナーとしてまちづくりやさまざまな社会的な活動に主体的に参画する能力があることを考察し、その具体的な方法論も提示した世界的な名著。

大村璋子［編著］、大西宏治・齋藤啓子・首藤万千子・関戸まゆみ［編集］

遊びの力

―遊びの環境づくり30年の歩みとこれから

●A5判・並製／208頁／本体2,000円

遊びは子どもの成長に欠かせない。1970 年代に自ら遊び場づくりに奔走した編著者が遊びの環境づくりの 30 年の流れと広がりを俯瞰。具体的事例を通して遊び（場）の持つ意義を説く。

奥田陸子［編著・監修］、吉岡美夏・小島紫［訳］、子ども&まちネット［企画編集］

ヒア・バイ・ライト（子どもの意見を聴く）の理念と手法

―若者の自立支援と社会参画を進めるイギリスの取り組み

●A4変・並製／164頁／本体2,600円

ヒア・バイ・ライト（子どもの意見を聴く）は、子ども・若者の参画によって社会を変えようとするイギリスの考え方と手法。本書は日本の若者の自立支援のために実践的な活用を願って出版。

スダルシャン・カンナ、ギタ・ウオルフ、アヌンシュカ・ラヴィシャンカール［著］、IPA なごやグループ［訳］

身の回りのものでつくる

おもちゃとお話 Toys and Tales

●A 4判・リング綴／143頁／本体1,600円

「おもちゃとお話」(Toys and Tales) は、インド各地で昔から子どもたちが作って遊んできたおもちゃのいろいろを紹介。簡単に作れるおもちゃだが、なぜ動くのか、作ることにどんな意味があるのかについても説く。

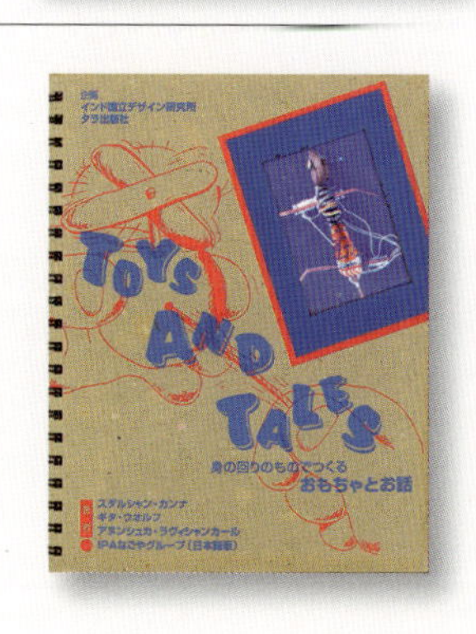